造物研究：情理关系构架研究

The Dual Relationship Framework of Emotion and Reason in the Creation Research

汤 军　著

武汉理工大学出版社

图书在版编目（CIP）数据

造物研究：情理关系构架研究 / 汤军著 . —武汉：武汉理工大学出版社，2019.11

ISBN 978-7-5629-6226-7

Ⅰ.①造… Ⅱ.①汤… Ⅲ.①产品设计—研究 Ⅳ.① TB472

中国版本图书馆 CIP 数据核字（2019）第 290297 号

项目负责人：张青敏　　杨　涛

责 任 编 辑：刘　凯

责 任 校 对：夏冬琴

装 帧 设 计：艺欣纸语

排　　　　版：武汉艺欣纸语文化传播有限公司

出 版 发 行：武汉理工大学出版社

社　　　　址：武汉市洪山区珞狮路 122 号

邮　　　　编：430070

网　　　　址：http://www.wutp.com.cn

经　　　　销：各地新华书店

印　　　　刷：武汉中远印务有限公司

开　　　　本：710×1000　1/16

印　　　　张：11

字　　　　数：160 千字

版　　　　次：2019 年 11 月第 1 版

印　　　　次：2019 年 11 月第 1 次印刷

定　　　　价：96.00 元

作者简介

　　汤军，设计艺术学博士，武汉理工大学艺术与设计学院教授、产品设计系主任，中国工业设计协会设计教育分会理事，国际商业美术设计师协会湖北地区专家委员会委员，武汉市外观设计专利奖评审专家，海尔–武汉理工大学重点创客实验室负责人，深圳市人体工程学应用协会理事。

　　1992年毕业于湖北美术学院工业设计专业，先后在广东美的电器和深圳华为从事工业设计工作。2000年任职于武汉理工大学艺术与设计学院，主要从事工业设计理论研究与产品创新设计研究。

　　主讲课程包括综合设计基础、产品结构设计、家电产品开发设计。出版教材5本，专著1本；公开发表学术论文40篇，其中EI核心3篇，CPCI–S 3篇。主持教育部人文社科项目1项，主持工信部邮轮美学子项目，参与国家、省部级项目4项，主持多项企业设计项目；获得"中国工业设计发展十年优秀工业设计论文评选"活动银奖及多项省部级奖励；带领团队和指导学生参与创新设计实践活动，指导学生获得国际国内设计大赛多项大奖。

前 言

纵观人类发展历程，造物的发展对人类的文明与进步表现出决定性的推动作用。当代人类的生活状态，源于人类造物文化的传承和现代设计活动的创新。随着人类跨入新的历史阶段并继续生活发展下去，当代社会发展的主要矛盾，表现为以人的发展为中心的造物系统和以自然环境为中心的生态系统之间的矛盾。人类的生存发展和自然生态之间需要和谐共生。在新的发展形势下，对造物理论与实践框架进行研究与探讨，寻找适合我国国情的，科学、合理、可持续发展的造物理论与实践模式有着深刻的意义。

研究造物中"情"与"理"的二元关系的目的在于梳理传统造物过程中对情感和技术的考量，折射现代社会产品开发中的"情理二元"关系。实现产品的功能需求、技术性需求的同时，体现消费者的精神需求，即把握造物过程中"情""理"关系，构建适应我国工业化原创产品的研发与设计中的"情""理"二元融合理论构架。

作者在研究中发现，造物中的"情"和"理"本是不应该分割开来的二元，人类之"情"蕴藏于造物中，造物的技术与工艺的应用，一直都在表达"情"、适应"情"，已构成了造物技术和人类情感的相互影响、相互作用、相互融合的关系。在探讨造物"情"和"理"的任何一方时，都不得不言及另一方的作用与反作用。工业设计学科中"情""理"二元的关系，显现的是设计中"人的因素"和"技术因素"交叉融合的系统状态，反映出来的是"人与事""事与事""人与物"之间的相互交叉、相互制约、相互作用的互动关系。造物中"情""理"两个元素是一直存在的，在归纳情理融合的外部因素和内部构建基础上，构建出造物中"情""理"二元关系的理论构架，以期对当今造物文化发展和工业设计教育起到指导作用。单纯的技术突破不能适应造物发展，造物设计中遵循"情理融合"的道理才是创新之路，造物设计中导入民族文化、地域文化的内涵更是传承之道。印证了本书作者的构思："事之以'情'，物之依'理'，'情理'合一，适之传承。"

经济全球化时代，人类文化呈现多元文化交融的趋向，文化的表现形式由物质向非物质转型，人类面临着文化传承问题、生态资源问题、可持续发展问题……当人类社会进入新的发展时代，产品开发设计与生产制造正面临巨大的挑战。今天的人类社会在关注创造与发展问题时，通常会将人类以往的经验与历史现象当作经验和范式，本研究依托于以千年为单位的传统造物时代沉淀的造物理念，指导以百年为单位的工业化造物时代的造物思维，以应对人类造物文明的未来发展。

作者
2019年9月

目 录

第一章
造物中情理关系的研究价值

第一节　造物活动中情理二元关系研究的目的和意义

一、造物活动中情理二元关系的研究目的

人类发展史也是一部人类造物的发展史，从原始人类最早的钻燧取火，木器、石器的使用到机械大生产条件下制造业的蓬勃发展，造物实践的发展对人类的文明与进步起着决定性的推动作用。在当今社会新形势、新条件下，研究与探讨造物理论和实践框架，对寻找、建立适合我国国情的，科学、合理、可持续发展的造物理论与实践模式有着重大的研究意义。

随着经济的高速发展，我国制造业在经历了"以满足消费者对基本功能使用需求"为目的的粗放型发展后，已由"需大于供"转换至"供大于需"时代，必然地走向"以附加值满足精神消费需求"的发展层次，这为中国工业设计业蓬勃兴起提供了良好的契机。同时，也将造物过程中，如何在满足消费者对产品的功能需求、技术性需求的同时，体现消费者的精神需求，即如何把握造物过程中"情""理"关系，实现"情""理"交融这一科学命题摆在了设计者面前。

工业设计在发展之初，工业设计学界即意识到"情""理"因素对造物过程的重要性，不少学者从"艺术性"与"技术性"统一、"功能"与"形式"统一等角度对造物设计的"情""理"理念进行了研讨与阐述，

但尚未建立完整、明晰的造物中的"情""理"二元关系构架。理论与指导构架的缺乏，直接或间接地导致了当前工业设计界片面强调高科技、新材料，忽视情感和文化导入，片面追求高情感，忽视技术的合理应用等错误倾向较为普遍的问题，而这些问题明显地制约了工业设计学科的健康发展，也影响了我国工业化"原创产品"的研发与设计。

本课题从研究人类造物活动的层面，通过对造物中的基本元素及其相互关系进行分析与阐释，结合中国传统造物文化的发展与溯源，并对新形势、新条件下造物发展的趋势与必然性进行分析，从而以科技与艺术融合的视角审视造物活动中人类情感与技术原理的关系，提出并构建了造物过程中合乎"情""理"，适应我国工业化原创产品的研发与设计的"情""理"二元融合理论构架，更利于我国工业设计学科的科学发展。

二、造物活动中情理二元关系的研究意义

本课题通过探究人类造物活动中"情"与"理"各元素关系的深层含义，构建造物中合乎"情""理"、适应发展的理论框架，其意义在于：

（一）对于工业设计学科发展的意义

近代工业化进程中，批量化大生产促使设计和生产的分离。为了适应机械制造模式，不少工业制品从生产之初，往往就远离了传统的审美和形式，致使其失去了传统的审美和情感。工业设计学科从它诞生之初，就被赋予了实现艺术与技术的统一这一历史使命，这一使命贯穿着工业设计学科发展的始终，但如何较好地实现艺术与技术的统一始终是工业设计学界悬而未决的重大命题。目前工业设计学科理念的混乱和相对的不成熟，以

及在西方工业文明的土壤中发展起来的工业设计学科理论，不能完全地理解和解决当前中国的实际问题，已经严重地制约了我们的工业设计学科发展和自主创新进程。

中国传统造物文化中的"情""理"理念，是依托于人类发展中以万年为单位的狩猎时代、以千年为单位的传统手工艺造物时代沉淀而来的，对于以百年为单位的工业化造物时代和人类造物文化面向未来的发展理念来说，也具有较强的指导意义。

因此，力求从更广泛的造物理念的研究中，发掘与完善人类造物中"情""理"二元关系的理论构架，对于工业设计学科建立适应未来发展，能较好地实现艺术与科学的统一的工业设计理论有着深远意义。

（二）对于造物文化传承和设计文化产业开发的意义

人类造物文化的传承是文明与发展的基本模式。现代设计中的形式与理念都是人类自古以来造物文化延续的结果。尽管技术不断变化、形式不断更新，但是文化发展的脉络仍然清晰可见。

伴随着人类社会的进步与发展，工业设计学科的羽翼也日趋丰满。多学科交叉的现状和系统学、事理学等新思路、新观念的引入为该学科注入了新鲜的血液。今天，许多学者认识到，科技的突破和发展，离不开跨学科交叉融合的科学理念；而人类造物文化的传承，更离不开人类情感和科学技术融合的思维。

当今世界发展的大趋向是，经济发展呈现全球化、文化交流呈现多元化趋势。一方面是以经济、技术为核心的全球化，带来全球制造技术的同质化，并影响着各国人们的审美、文化、意识形态；另一方面，则是多元化的差异趋向，无论是发达国家还是欠发达国家，都在反省和探讨新的经济发展路径和文化观，力图恢复本区域传统文化、本土文化精神的传承，修复造物活动与文化行为的裂痕，赋予现代生活更多的内涵，在全球化的大潮中树立民族形象。

本研究从中国传统造物的历史长河中，梳理 "情" 和 "理" 在中国造物文化发展中的融合关系，以及情理融合对中国造物文化传承的作用和意义，对于指导今天造物文明的传承和文化产业开发具有理论指导意义。

第二节　造物活动中情理二元关系的研究现状

目前国内外直接将传统造物理念融入现代产品设计中，对产品设计中的 "情" 与 "理" 关系进行系统阐释的研究比较少，现有的著作、文章和研究大多着重于造物思想本身的研究，或着眼于中国传统造物文化、设计中的 "情"、设计中的 "理" 等的方法的研究，较少见到将造物中的情与理两者结合起来的系统阐述。

第一，对造物理念及中国传统造物文化的研究。其主要代表研究为清华大学美术学院史论系王家树先生、田自秉先生、杨永善先生等对工艺美术史的一系列研究，东南大学张道一先生的 "造物研究"，李砚祖先生的 "造物之美" 研究，杭间先生的工艺美学思想研究，徐飚先生的先秦造物思想研究，郑建启先生的《青铜文化考》对楚人造物艺术与技术的运用研究，许平先生的《造物之门——艺术设计与文化研究文集》，李立新博士在其《中国设计艺术史论》中对中国造物艺术进行了纵向梳理和横向比较，赵克理先生在《顺天造物——中国传统设计文化论》中对中国传统设计文化的形成、发展节奏和动因的探讨等。总的来说，这一研究领域，目前已取得了较为丰硕的成果。

第二，对"情"的哲学研究。关于造物中"情"的研究比较少见，资料显示多为哲学领域对"情感"的研究成果。中国古代对情感的论说有七情论、六情论、十情论和情二端之说，对人的情感趋向划分层次，作为道德修养论、人才论的基础等，这类研究在中国古代十分盛行。唐代的韩愈的性情三品说是中国传统性情论的一种总结。这些理论在维护封建统治的同时，对于肯定情感在人性结构中的地位有积极意义。现代哲学家冯友兰的人生境界说，可谓中国儒家传统思想人格论的总结形态，集中体现了中国人的道德情感的取向。虽然少见造物之"情"的研究，但对于受社会意识形态影响的造物文化、哲学领域的情感研究同样有着重要的指导意义。

第三，对造物中的"理"的研究。人类的科技发展史，本身就是一部人类造物技术的发展历史。特别是当人类造物从手工艺技术时期步入工业化大生产时期，科技的魔力更显现出对于造物和对于人类文明发展的重大价值。当科技带着人类步入信息时代，使人类的交往不再受到地域和时空的限制，整个地球也因为信息时代的互联网，而成为"地球村"。交通的发达促进人群和物质的全球化流通，通信的进步促进精神情感的全球化交流。此时的人类，又开始思索，科技到底要将人类带向何方？

第四，与本研究相关的研究。

（1）国内外关于艺术与科学之间关系的研究。从工业设计学科在欧洲工业革命的浪潮中萌发之日起，艺术和技术的统一、功能与形式的争论一直伴随着工业设计的发展。对于技术哲学以及科技人性化的探索主要有：萨顿的以科学理论和科学技术史相结合的科学人性化探索，波兰尼的以个人化的"意会知识"为基础的科学人性化理论，马斯洛以"自我实现"的高峰体验为基本途径的科学人性化方法，以大卫·雷·格里芬为代表的建设性后现代主义通过使科技"返魅"的科技人性化理论等，这些研究都为工业设计学科走向科学化，并由一门应用学科走向系统科学提供了理论支撑。国内近年来也非常重视艺术与科学相结合的研究。2001年5月，在北京举办了"艺术与科学国际作品展"，这是国内首次以艺术与科学为主题的大型艺术活动，来自19个国家32所高校的近600件作品参加了展出，作品以绘画、雕塑、构成、工业设计等多种艺术形式展示了艺术家和科学家所做的研究、探索成果。与此展同时，还举办了"艺术与科学国际学术研讨会"，国内外学者提交的论文多达200多篇。

（2）设计事理学方向的研究。设计事理学方法是由清华大学美术学院柳冠中教授在系统科学中事理学和西蒙的"人为事物的科学"的基础上提出来的，是目前国内比较成熟的设计方法论。它以"事"作为思考和研究的起点，从生活中观察、发现问题，进而分析、归纳、判断事物的本质，以提出系统解决问题的概念、方案、方法及组织和管理机制的方案。柳冠中先生及其研究生通过对古代设计器物中事与物发生规律的研究，取得了丰硕成果，产生了较为广泛的影响。

当今国际设计潮流正趋于艺术与科学的高度融合，怎样合理继承与发扬中国传统设计文化精髓，建立一个适合中国国情的，具有中国特色的艺术与科学高度融合模式？造物中"情"与"理"的研究为此提供了一个极具价值的发展方向。

总的来说，当前学术界关于造物中"情"与"理"关系、造物施技、造物施艺的思维研究还完全处于方兴未艾的状态，但已有学者在此领域开展不懈探索，伴随着相关理论研究的不断深入，可以预见：造物中"情"与"理"交融模式构架将为中国工业设计师造物设计提供强有力的理论指导，并在实践过程中得以贯彻实施。

目前这个领域的研究存在以下的不足：

第一，目前以多学科交叉融合的视角探讨造物中"情""理"融合的理论研究比较少。在设计实践中，对于情感因素与技术因素的融合、造物融入本民族的文化方面，许多设计师只是凭借个人经验和经历及对设计项目的理解和发挥，缺乏理论框架的支撑。

第二，现代造物活动是一个涵盖多种学科交叉应用的实践活动，单从某一方面思考解决不了错综复杂的问题。由于缺乏完整的理论与实践指导构架，设计师虽然意识到情感因素对于造物的重要性，但在设计过程中往往仍然出现片面追求高情感，而忽视了技术的合理应用；片面强调高科技和新材料的大量运用，而忽视了情感和文化的导入等错误倾向，这种现象在设计业界较为普遍，制约了工业设计学科的健康发展。

第三节 造物中情理二元关系构建研究的内容和关键问题

造物活动中的"情""理"二元关系理论是从工业设计学科的角度，通过对造物活动中情与理融合的事例和事理分析研究，从人的生理性和自然应用系统交叉的视角，从科技哲学的层面阐释造物中艺术与科学融合的根源以及深层的意义，探索造物中"情"和"理"二元产生的原因、遵循的法则及相互交合、相互影响的关系，构建现代造物适应发展的"情"和"理"二元的理论框架。

一、通过造物活动中的案例研究，探讨合乎情理的造物理论

中国的现代设计不应只满足于对传统文化的继承和对传统形式的沿袭，而是能够站在更高的地方，理解前人的创造文化，看到前人文化行为中的历史必然性，真正从文化现象中体会到当时的创造者对世界、对自己的理解。我们需要的不是"中国符号"，而是"中国文化"。通过对造物符合情（艺术）理（科学）的设计案例的研究，可以管窥传统设计思维中的艺术与科学融合观。

二、研究工业设计融合情理二元的关系的理论构架

工业设计的思维在社会发展和文化系统中具有重要的地位和作用。对设计文化进行反思，既需要对设计哲学进行反思，也需要对人在改造世界时的"情"与"理"的关系进行反思。深入到情感、情景、情形表现的深层，才能真正理解"理"的运作机制，对情理融合做出科学的、深刻的研究。因此，本研究把视角投向中国传统造物的思维方式，试图找到一条解释、评价传统造物情理融合现象及其向现代发展的路径。研究在三个方面进行，即造物的情的阐释、造物施理的研究、关于融合情理二元关系的理论研究。

三、尝试完善艺术与科学理论框架的冰山一角

艺术与科学的目的是相同的，方法也是相通的。在应对现代世界的瞬

息万变的知识价值革命中,重构各门学科,提出新的研究方向,建立新术语、新方法,形成新的知识结构,这些正是当代学术界面临的选择。

纵观当代设计之林,优秀成功的设计一般具有鲜明的文化特色与应用恰当的制造技术。瑞典、芬兰、意大利都因高度重视本土文化,使设计具备了鲜明的文化识别性,从而在全球市场上获得成功。中国的文化不仅迥异于其他民族,而且具有深厚的历史积淀和底蕴。无论是从文化发展还是从市场竞争的角度看,深入挖掘本土文化的内核以指导工业设计,是发展自主创新的关键。所以,从"造物"入手来研究本土文化中的特质,即中国传统造物的思维方式,在这一点上无疑和"艺术与科学技术的融合"理念是一致的。

本研究课题的核心是构建造物中情与理二元关系的理论构架,研究其融合的方式及理论的指导意义,关键问题是厘清造物中"情"发生的原因和相关系统,以及造物依理的原因和方法。

第二章
造物中的"情"与"理"

第一节 关于造物

一、"造物"的词源考证

在人类文字和语言中储藏了大量知识的原始信息，因此，对于"造物"的理解，我们不妨从文字含义和词源学入手。在《说文解字》中，"造"的解释为：之为形，告为声，就也。造的本意指成就。有人认为，造的本意指到达、前往，引申为达到某种程度、标准。《辞海》中对"造"字有诸多引申之意，如制作，建立。《书·汤诰》"凡我造邦。""造"还可引申为虚构，如造谣；捏造。《书·伊训》"造攻自鸣条"中的"造"可解释为"开始"。另外，农作物收获的次数为造，如一年三造皆丰收。与本书相关的为《辞海》第一条：制作，建立。如人造革、创造。

而对于"物"的解释，《说文解字》中这样说道：牛为大物；天地之数，起于牵牛，故从牛。物字形声字，牛为形，勿为声。本义指杂色牛，引申为毛杂色。因杂色含有众多的意思，故引申为万事万物。也有人认为，物的本义指"万物"。物又引申为具体的物品，还特指自己以外的人、事、物，多指众人。《新华大字典》中对物的理解：事物，东西，如生物、货物、物质。《辞海》中的"物"字也有多种解释：（1）人以外的具体的东西为"物"，如物体、货物等；（2）内容，实质，言之有物；（3）指自己以外的人或跟自己相对的环境，如：物议（群众的批

评），待人接物，物望所归（众望所归）。①与本书相关的为：人以外的
具体的东西。

　　《辞海》对"造物"一词的解释是这样的：古时以为万物是天造的，
故称天为"造物"。《庄子·大宗师》："伟哉！夫造物者，将以予为此
拘拘也。"意思是造物主是多么伟大啊！苏轼《泗州僧伽塔》诗："耕田
欲雨刈欲晴，去得顺风来者怨。若使人人祷辄遂，告物应须日千变。"宫
天挺《范张鸡黍》第一折："这是各人的造物，你管他怎么？"这里的
"造物"指"造化"，即命运。

　　中国古代对"造物"有诸多的阐释，西晋玄学家郭象有一个观点，
语出《庄子·齐物论》："故天者，万物之总名也。莫适为天，谁主役物
乎？故物各自生，而无所出焉，此天道也。"意思是说，没有造物主，万
物都是自生自长的。郭象所表明的思想："上知造物无物，下知有物之自
造也。"东汉著名哲学家王充首先提出了"万物自生"的观点，他说：
"天地合气，万物自生，犹夫妇合气，子自生矣。"（《论衡·自然》）
晋代裴𬱟著《崇有论》，反对玄学贵无论"有生于无"的观点，提出了
"夫至无者，无以能生，故始生者，自生也"的说法。郭象"物各自生"
的观点，在反对造物主这一点上，包含有王充、裴𬱟讲的"自生"的意
义，但又有根本的不同。王充讲"万物自生"是说"天地合气"，万物自
然而然产生。裴𬱟的"自生"说，也承认物与物之间的相互依赖、相互转
化的关系。而郭象的"自生"说，则在否定无生有的同时否定有生有，片
面地强调万物各自无联系的、孤立的、突然的"自生"，他称之为"独
化"。因此，郭象的"物各自生"说带有严重的偶然论的神秘主义色彩。

---

　　① 辞海编辑委员会. 辞海[M]. 上海：上海辞书出版社，1979.

"造物"一词的英文表述"the divine force that created"解释为神圣的力量创建。在英文中"造物"一词往往和上帝及造物主有关，比如：the creator（创作者），god（上帝）等表述方式。本书选用"the divine force that created"的表述方式，以体现外力的创造之含义。

总之，从词源学角度获知，"造物"乃外力创制，且有一定使用价值的东西。

二、"造物"的几个属性

本文所指的造物，指的是人工属性的物态化的制作结果。即使用一定的材料、一定的方式，为达到一定的使用目的而制成的物体和物品，是人类为适应自然和生活的需要而进行的物质生产。造物活动是指人类物质生产的制作过程和制作方式。

人类文明进步的历程，客观上讲就是人类造物的历史进程。从石器时代开始，人类就开始不断地造物，为生存为生活而制造一切所需要的工具和物品。在本研究中，作者把这种人类制造一切自身所需要的工具和物品的活动，称为"造物"。在人类生活的世界，除了一个自然的世界外，还有就是一个人造的世界，从器物到建筑，从工具到用具、武器，衣、食、住、行、用等各种物品，形成了一个和自然界不同的人造物的世界。人在适应自然环境的过程中改造着自然，同时又建造着另一个不同的"物质界"。在这种适应自然、改造自然的过程中，造物活动可以说是人类最根本、最关键的生存活动。

关于造物，很多学者有过精辟的描述。其中以亚里士多德哲学的"四因说"最为经典。古希腊哲学家亚里士多德认为事物的形成变化有四种原因：（1）质料因，即构成事物的材料、元素或基质，例如砖瓦就是房子的质料因；（2）形式因，即决定事物"是什么"的本质属性，或者说决定一物"是如此"的样式，例如建筑师思维中的建筑样式，就是房子的形式因；（3）动力因，即运动变化的动力，如设计师就是设计制作产品的动力因；（4）目的因，即事物所追求的目的，如"人造物就是为了满足人的需求"就是事物目的因。亚里士多德首次将人造物和人为事物联系起来，他认为凡感性实体，包括自然物和人造物，都具备这四种原因。

亚里士多德的"四因说"，是从以前哲学家的学说中概括出来的，他认为过去的哲学家各执一端。米利都学派只讲质料因，毕达哥拉和毕达哥拉学派等只讲形式因，恩培多克勒讲的"爱"和"恨"是动力因，苏格拉底讲的"善"是目的因。他区别这四种不同的原因、本原，将它们调和起来。亚里士多德认为"形式因"就是"动力因"，同时也就是"目的因"，这样，四因也就只有质料和形式两种，任何事物都是由形式和质料组合而成的。

（一）造物的目的属性

造物的目的，就是为了满足人的需求，这是一个比较明确的属性。既然造物是为了满足需求，那么，从人类的需求出发来厘清造物的目的性就比较容易了。人类的需求有显性需求和隐性需求两种，其中显性需求主要是指人的生理方面的需求，如吃饭、穿衣、使用工具等；隐性需求则是涵盖人的精神方面的需求，如心理、素养、文化、价值、象征等情感层面的东西，而这一类东西在强度和倾向性上是因人而异的。例如，同样一件物品，给不同性别、不同年龄、不同经历的人的心理感受是不一样的。这种不同心理感受所表现出来的情感需求就会有着很大的差别，而需求差异性一方面会成为造物的目的定位不确定因素，另一方面这个不确定性会给造物带来什么呢？这将是本书研究的一个方面。

（二）造物的文化属性

人与动物的区别就是在于人能够根据自己的需要而造物。正如美国科学家约瑟夫·莱昂所指出的那样，人作为文化的动物，在从动物转变到人类这一点上，人类区别于动物的特征就是通过工具、火和语言的使用以及其他的艺术显示出来的。造物构成了人与动物相区别的一个重要标志。人原本与动物一样，生活在大自然所提供的生态环境中，并屈从于环境及自身生物体的需要。但是，人在生存过程中学会了造物，并用造物这一利器划清了与动物的界限，踏上了文化的道路。这就是说当人开始以人的姿态从事工具制造（造物）时，文化就产生了。石器是人类最早的文化产物，从石器时代开始，人类的文化史实际上是一部造物文化的历史。

造物活动是人的文化活动，造物是文化的产物。造物本质上是文化性的，它表现在两个方面：一是人类的造物和造物活动作为最基本的文化现象而存在，它与人类文化的生存与发展同步，并因为它的发生才确证了文化的生成。二是人类通过造物和造物活动创造了一个属于人的物质化的文化体系和文化世界。

作为文化创造者的人类以造物的方式为自身服务的同时也确证了人的文化性的存在。恩斯特·卡西尔曾写道：人的突出特征，人与众不同的标志，既不是他的形而上学本体也不是它的物理本性，而是人的劳作。正是这种劳作，正是这种人类活动的体系，规定和划定了"人性"的圆周。寓言、神话、宗教、艺术、科学、历史，都是这个圆的组成部分和各个扇面。①造物活动作为人类最基本的劳动，它充分体现了人类劳动的伟大意义和价值，也使劳动成为文化性的活动。

文化的创造，使人更能适应环境的变化，并在其中自由自在地生活。随着人造环境的发展变化，人类生活越来越少地受到自然因素支配，相反，越来越多地受文化成分支配。生活的基本资料、语言、住房、食物、衣服、技术、资本，日常生活过程、劳动、交换、旅游、艺术或宗教、社会阶层、政治组织，乃至个人的思维方式、行为举止都为文化所规定和塑造，文化成了人的本质属性之一。

那么，什么是文化呢? 文化学研究者为文化作了许多不同的解释和定义。英国人类学家泰勒认为，文化或文明，就其广泛的民族意义来说，乃是包括知识、信仰、艺术、道德、法律、习俗和任何人作为一名社会成员而获得的能力和习惯在内的复杂整体。②苏联学者卡冈则认为，文化是人类活动的各种方式和产品总和，包括物质生产、精神生产和艺术生产的范围，即包括社会的人的能动性形式的全部丰富性。③在卡冈的论述中可以看到他比较重视物质文化的重要性，认为人类活动的一切产物都是文化的产物。

（三）造物的人工属性

造物与自然物的根本区别是造物具有的"人工属性"，也就是具有人

---

① [德]恩斯特·卡西尔. 人论[M]. 上海：上海译文出版社，1985.

② [英]泰勒. 文化之定义//庄锡昌，顾晓鸣，顾云深，等. 多维视野中的文化理论[M]. 杭州：浙江人民出版社，1987.

③ [苏]卡冈. 美学和系统方法[M]. 凌继尧，译. 北京：中国文联出版公司，1985.

的文化性。美国学者赫伯特·西蒙从人工科学的角度认为人造物的基本特征是：第一，经由人工综合而成的；第二，人造物可以模仿自然物的外表而不具备被模仿自然物的某一方面或许多方面的本质特征；第三，人工物可以通过功能、目标、适应性三个方面来表征；第四，在讨论人工物时，尤其是设计人工物时，人们经常不仅着眼于描述性，也着眼于规范性。这就是说，人工物的本质特征是人工性及人所赋予的目的性和价值。①人从自然物质世界出发，利用自然界所提供的材料，用自己的智慧和双手通过造物活动，创建了一个适合人类生活的物质世界。这个世界是人生活世界的一部分，人类文化活动的一部分——人类造物活动的目的不是以造物为宗旨的，而是以满足人类的需要为目的的，在这个前提下，造物只是人类生存的手段。

（四）造物的精神属性

关于造物的精神属性，多集中在哲学研究的一些论著中。在西方美学史上，关于美的本质的理论众说纷纭，但基本上归结到两类：一种从物质的属性中去寻找美的根源；另一种从精神中去寻找美。此外，还有游移于这两者之间的折中、含混的说法。马克思主义主张从人对客观物质世界的实践改造中去寻找美的根源。

美学史上的主要观点：（1）主张从物质属性中去寻找美。主张这一观点的主要代表人物有亚里士多德、D.狄德罗、E.博克等人。他们认为美为物自身所具有的某些属性，但都不能科学地说明这些属性是怎样成为美的，而且他们所找到的美的属性都不能普遍地说明无限多样的一切事物的

---

① [美]赫伯特·西蒙. 人工科学[M]. 武夷山，译. 北京：商务印书馆，1987.

美。例如，狄德罗认为美是事物所具有的一种不以人的意志为转移的"关系"。但他始终不能具体地说明这种"关系"的本质是什么，它同其他非美的关系区别何在。这一派理论的贡献在于肯定了美的客观性，看到了美同物的相关属性，并作了不少经验的观察和分析。但由于它脱离了人类具体的社会实践去说明物的属性的美，因此只能停留在感觉经验上，无法真正认识美的本质。（2）从精神中去找寻美的根源。这一派自古希腊的柏拉图以来，代表人物众多。到了近代，康德从先验主体中找寻美的普遍必然性，黑格尔则从绝对精神中去找寻美的根源，西方现代美学的说法虽然各不相同，但大都把美看成是精神、心理的产物。这一派看到了美与主体精神密切相关：对主体的审美经验及其能动作用作了许多哲学的、心理学的、社会学的分析，打破了那种忽视主体作用的机械唯物主义观念，突出了美感的诸多特征。包括康德、黑格尔美学在内的所有近现代一切从精神中去找寻美的根源的理论，都有一个根本性的错误，那就是忽视了精神的客观社会性，夸大了精神的作用，认为美是精神活动的创造物，以至于用神秘的或反理性的直觉、欲望、冲动去说明美的本质。（3）强调美同社会生活的联系。19世纪俄国作家车尔尼雪夫斯基提出"美是生活"的理论，强调美同社会生活的联系，认为美的生活是"依照我们的理解应当如此的生活"。这一理论从生活出发去找寻美的本质，较之于从物质的属性或从精神出发去找寻美的本质是一个重要的进步。（4）中国古代从西周开始，已从味、色、声所引起的快感中去探求美的本质，后来又进一步发展到从人与自然的关系中，从美与善的联系和区别中去思考美的本质。由于中国哲学肯定了人与自然、个体与社会的统一的合理性、必要性和必然性，因此中国哲学既不把美看作是单纯的物质属性，也不看作是单纯精神的产物，而认为美在主体与客体双方的统一之中，显现为主体和自然、社会相统一的理想的生活境界。

马克思在《1844年经济学哲学手稿》一书中，把解释美的本质放到人类社会实践首先是物质生产实践的基础之上。马克思在对比动物的造物和人的造物时指出，"人也按照美的规律来塑造物体"，这是人的造物不同于动物的造物的重要区别之一。他明确地指出，主体产生审美感觉和"属人的本质客观地展开的丰富性"，和"人化了的自然界"分不开。所谓"属人的本质"的产生及其客观的展开、自然界的"人化"，在马克思看来都是人类改造客观世界的历史成果，即人工化的成果。从人类历史的发展来看，主体的审美感觉和客观世界的美，是人类改造世界的实践成果在主体和客体、内在和外在两个方面的表现。它具有一种以造物实践为基础，并由造物的发展所决定的双向进展和双重结构性质。马克思理论从根本上解决了历史上唯物主义和唯心主义在美的问题上表现出的互不相容的僵硬的对立。这是关于美的本质或根源问题上一个空前巨大的变革。

以上关于造物的属性的论述，归纳了人工属性、文化属性、精神属性、目的属性是人类造物活动的基本属性。人造物与文化实际上是不可分离的，文化是人类造物的产物，人也是文化的产物，人在造物中创造文化，文化在发展中造就人。

三、"造物"的历史分析

人类文明的历史进程，客观上讲就是造物的历史进程。在文明发展的不同时期，人类文明的历史印迹直接落实在造物上。这一点，我们从各个历史时期的名称上可以看出，石器时代、陶器时代、青铜时代、铁器时代……

（一）造物的起源

本杰明·富兰克林曾经说过："人是创造工具的动物。"造物必须先造工具，对于各种人工造物过程来说，首先应当考察它的造物过程中所运用的工具。据考证，人类对工具的制造和使用，最早是从自然界偶然得到的物体。最初是在无法立即找到一件合适的自然物时，才对一件不合适的物体进行粗略的改造，以应付急用，这是对现有天然物体最基本、最粗略的改造。后来经验积累到一定的程度后，才转入一个有目的地制造工具和用具的时期。尔后，造物中逐渐出现了规律和一定的标准化，比如：石制手斧等。但基本没有功能上的专业性。人类在上述这些过程中花费了相当长的时间。著名的考古学家戈登·柴尔德曾经说过："每一件工具都体现了无数代人的集体经验。"

（二）造物的发展

造物的发展这个概念难以精确界定，这是一个渐进的过程，而且经历了数千年乃至上万年的演变，造物自身呈现出多样的形式。不同的地域、自然环境、风土人情、宗教信仰、社会习俗、政治体系和文化艺术上的差异，在对造物的差异性上有着明显的影响，这就决定了造物的发展在全世界范围内的不均衡和不稳定性。当发达地域的人们开始在月球上漫步的时候，地球上的偏远、偏僻地域的人类仍处在石器时代。

考古学研究表明，在造物技术的发展过程中，世界上没有一个单独的造物工艺技术的发源地，并从那里向其他地方传播先进的技术与工艺，更多的发现证实：世界各地的造物文明在各自的演变进化过程中，既有许多独立的发明与创造，更有各种造物文化的相互交融与影响。

（三）走向机械化的造物

文艺复兴运动之后，欧洲开始成为世界上科学最发达的地区之一。随着17至18世纪物理学的进步，人类发展出一种机械唯物论的世界观。即使那时真正的工业化时代还没有到来，人们已经开始将注意力集中到各类机械系统上了。人类开始将所有的希望都寄托在机器身上，甚至把整个世界也看作一个运转着的大机械。在机械文明的初期，传统的手工艺造物方式无法适应新的生产方式，但适应工业化造物方式的设计思维还没有出现。

直到17世纪后期，出现在制造中的标准化趋向带来了生产的分工，从此，劳动的分工思想被牢固地树立起来。工业设计就是造物方式由手工生产转向工业化机械大生产的产物，在这种转变中，人类的衣、食、住、行和生活方式发生了翻天覆地的变化，即从个体的、手工劳动向大众的、机械的生活方式转变，并且逐渐演化到更丰富的个性选择阶段。而这种生活方式的转变既决定了设计发展的历程，又因为设计的参与而使造物获得了向前推进的力量。

（四）信息时代的造物

当人类进入21世纪时，就意味着人类迈入了信息时代的门槛。威·约·马丁在《信息社会》一书中写道：信息化社会是一个生活质量、社会变化和经济发展越来越多地依赖于信息及其开发利用的社会，在这个社会里，人类生活的标准、工作和休闲方式、教育系统和市场都明显地被信息和无形的知识进一步影响。[①]今天的工业文明已经开始转向"以知识

---

① [英]威·约·马丁. 信息社会[M]. 胡昌平，译. 武汉：武汉大学出版社，1992.

为基础"的信息时代，造物设计活动利用电脑、网络作为生产工具，整合知识、处理信息和设计创造，人们的劳动性质从工具的使用转变到设计方式的创新，这种变化对于工业设计的影响是非常深远的。

进入信息时代的造物，首先，人类的需求发生了变化，需求从物质性的使用转向精神性的互动交流；其次，随着信息技术的发展，人类将过多地依赖数字媒体进行沟通和交流。总而言之，信息时代造物的最显著的特点就是"非物质"特性。

四、现代造物的含义及范畴

前面讲到，造物是指人工属性的物态化的制作结果。即人使用一定的材料，用一定的方式，为达到一定的使用目的而制成的物体和物品，从旧石器时代人类制造的第一件打制石器开始，作为造物活动的思考过程——设计也就开始了。这样，我们就很容易理解现代人类造物所涵盖的范畴，诸如从钢笔到摩天大楼、从口红到航天飞机、从艺术品到杀人武器、从城市建设到乡镇建设等一切人类劳动而得到的结果都是造物。

由此看来，现代社会与人工物有关的诸如产品制造、建筑工程等一切有关衣、食、住、行的物质生产活动，以及生产制造前期的设计准备都属于造物活动（图2-1），包括产品设计、视觉传达设计、环境设计等三大类。这三大类涵盖的对象从平面延伸到立体，从个体延伸到群体和环境。

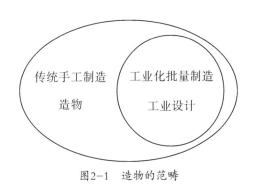

图2-1 造物的范畴

产品设计是以工业产品为主要对象的改进设计及创新设计，以满足产品功能为主要目标，包括产品造型设计、交通工具设计、展示设计等；视觉传达设计包括招贴设计、广告设计、书籍装帧设计、包装设计、影视动画设计等；环境设计是以空间为对象的设计，包括建筑设计、室内外装饰艺术设计、景观设计、城市规划等。

今天，人类的工业文明已经转向一个"以知识为基础"的信息时代，在人类进入以信息化为标志的21世纪，伴随着机器工业的轰隆而产生和发展的工业设计不可避免地面临着历史的转型。马克思认为，一个社会或时代的生产方式主要是由代表该时代的先进生产工具决定的，即所谓的"磨坊主与封建主义相联系，蒸汽机和资本主义相联系"[①]。信息时代，造物领域变得更为广阔：纵向看，从造物为用扩展到开发新的产品以至于设计人类新的生活方式；横向看，已由人类使用工具的概念扩展到文化、心理和环境。计算机、网络作为新的劳动资料，被从事智力工作的设计师所利用，整合知识运用于信息产品的创造，逐渐从工具性的使用转变到设计方式，这对工业设计的影响是非常深远的。

---

① 丁素. 从生产方式到信息方式[J]. 哲学动态，2002（2）：37-40.

第二节　造物之"情"

一、"情"的含义溯源

我们从汉字"情"字入手，探究中国文化中"情"的最初本意，揭示"情"字背后丰富的含义，以及"情"与中华文明一脉相承的悠久文化内涵。

《辞海》对"情"的解释为：（1）外界事物所引起的喜、怒、爱、憎、哀、惧等心理状态。比如：感情、情绪、情怀、情操、情谊、情义、情致、情趣、情韵、性情、情愫（真情实意）、热情洋溢、情不自禁、情投意合、情景交融。（2）专指男女相爱的心理状态及有关的事物，如爱情、情人、情书、情侣、情诗、殉情、情窦初开（形容少女初懂爱情）。（3）对异性的欲望，性欲：情欲，发情期。（4）情面，私情。如：说情、徇情、情不可却。（5）情况，状况，如实情、事情、国情、情形、情势、情节、病情、灾情。《左传·庄公十年》："大小之狱，虽不能察，必以情。"《孟子·离娄下》："故声闻过情，君子耻之。"（6）情趣。段成式《题故隐兰若》诗："村情山趣顿忘机。"东汉许慎（约58—约147年）在《说文解字》①中讲：情，人之阴气有欲者

---

① 《说文解字》，简称《说文》。作者为东汉经学家、文字学家许慎。《说文解字》成书于东汉和帝永元十二年（100年）到安帝建光元年（121年）。许慎根据文字的形体，创540个部首。将9353个字分别归入540部。540部又分为14大类，字典正文就按这14大类，分为14篇，卷末叙目为一篇，全书共有15篇。在造字法上，书中提出"六书"：象形、指事、会意、形声、转注、假说。书中对"六书"作了全面的解释。

也。在《礼记·礼运》中讲道："何谓人情？喜怒哀惧爱恶欲，七者弗学而能。" 又，人情者，圣王之田也。《易·系辞》曰："情伪相感。"虞注："情阳也。"《白虎通·情形》："情者，阴之化也。"《荀子·正名》："情者，性之质也。"李贺《金铜仙人辞汉歌》："天若有情天亦老。" 宋代范仲淹在《岳阳楼记》中曰："览物之情。"清代黄宗羲在《原君》中记载："情所欲居。" 此外，"情"还解释为"本性"。《吕氏春秋·上德》中曰："情，性也。"又如《孟子·滕文公上》："夫物之不齐，物之情也。" 又如：情性（天赋的本性）；情心（本性；性情）；情尚（性情与爱好）；情品（性格）；情愫（真情；本心）；情行（犹品行）；情欲，性欲。如：情天欲海（情大如天，欲深如海）；色情（性欲方面表现出来的情绪），发情期；情尘（指情爱，情欲），爱情，白居易《长恨歌》："唯将旧物表深情。" 唐代李白的《送友人》："落日故人情。" 清代林觉民的《与妻书》："愿天下有情人皆成眷属。"巾短情长。

　　一个"情"字，已然包含了诸多丰富的含义与内容。"情"字背后的哲学、历史、宗教、文化及审美内涵、思想，更是博大精深。本课题的研究和探索即由此展开，尽管"情"包含了诸多丰富的含义与内容，简单地说，情就是人的思想感情。本书主要研究外界事物所引起的喜、怒、爱、憎、哀、惧等心理状态，如感情、情绪、情怀、情操、情谊、情义、情致、情趣、情韵、性情、情愫（真情实意）、热情洋溢、情不自禁、情投意合、情景交融的意思。

二、心理学对于情的定义

心理学认为，情是态度这个整体中的一部分，它与态度中的内向感受、意向具有协调一致性，是态度在生理上一种较复杂而又稳定的生理评价和体验。

《心理学大辞典》对情感的解释为："情感是人对客观事物是否满足自己的需要而产生的态度体验。"同时一般的普通心理学课程中还认为："情绪和情感都是人对客观事物所持的态度体验，只是情绪更倾向于个体基本需求欲望上的态度体验，而情感则更倾向于社会需求欲望上的态度体验。"关于情感和情绪的区别，可见表2-1中的分析。

表2-1　心理学对情感和情绪区别性分析

对比项目	情感	交叉点	情绪
范围	情感是幸福、美感、喜爱等较具有个人化的	爱情、友谊、爱国主义	情绪感受有喜、怒、忧、思、悲、恐、惊
对过程的态度	情感是指对行为目标的生理评价反应	心理生理过程	情绪是身体对行为成功的可能性乃至必然性，生理反应上的评价和体验
对客观事物态度体验	社会化的		个体化的
举例	比如人们对于某些传统食物的眷念，不是因为味道特别好，而是因为这种食物里面蕴含着儿时的记忆或家乡的"味道"	生理反应生理心理过程	行为在身体动作上表现得越强就说明其情绪越强，如喜会是手舞足蹈；怒会是咬牙切齿，又会是茶饭不思；悲会是痛心疾首等就是情绪在身体动作上的反应。心理学家给那些不会产生恐惧和回避行为的心理病态者注射肾上腺素，结果这些心理病态者在注射了肾上腺素之后和正常人一样产生了恐惧，学会了回避任务

情感和情绪以基本需要、社会需求相区别，或者是将情感和情绪这两者混为一谈都是不合适的。生理反应是情绪存在的必要条件，情感也是一样，所以，由不同的药物刺激引发的行为过程也表明了，情绪和情感显然是有区别的两种不尽一致的心理生理过程。

再以爱情举例来说，当我们产生爱情时是有目标的，我们的爱情是对相应目标的一种生理上的评价和体验，同时随着追求爱情这一行为过程的起伏波折，我们又会产生各种各样的情绪。

三、自然环境影响下的人类情感

既然情感是由外界事物所引发的，那么会受到来自各方面的因素影响，每一个地域、每一个民族都有自己的情感，环境、地理、气候、物产决定了该民族的生活和情感。让我们从民族、自然环境、风土人情入手进行分析。

人类情感世界的丰富多样性来自于情感的个性、民族性、时代性。其中，情感的个性色彩对丰富多样性的影响有限；情感的民族性则因其广泛性、稳定性、表现形式的多样性和深刻的文化底蕴而有重要影响力并历久不衰。从世界范围看，人类情感世界的多样性主要植根于民族文化的土壤中，多样化的民族情感模式折射着价值观的民族特色，是人类共同价值和类意识、类情感形式的重要基础，类情感是以关注人类命运和未来的终极关怀为基础的，而终极关怀是可以制衡科技理性的高情感的超越性的一极。[1]

---

① 杨岚. 人类情感论[M]. 天津：百花文艺出版社，2002.

人类赖以生存的地理环境，有高山平地，有沙漠草原，有严寒酷暑，有四季如春……这种种复杂的自然地理环境，对人的生活习惯和性格都有一定的影响。在山区生活的人，因为地广人稀，人与人之间都以大山相隔，因为对这种环境的适应，便养成了说话声音洪亮，办事直爽，待人诚恳的性格，所以自古就有"爱山者仁"之说。生活在河湖海滨地区的人们，因气候湿润，景色优美，万物生机勃勃，温暖宜人的环境容易使人触景生情。因此，这里的居民往往多情善感，机智敏捷，而有"爱水者智"的赞誉。生活在寒冷区域的人类，因室外活动时间短暂，大多数时间在一个狭小空间里相处，因而有较强的耐心和自制力。如爱斯基摩人的自制力就很惊人，被称为"世界上永不发怒的人"。在北极辽阔的草原与驯鹿相依为命的拉普人，为了在晚上享受光和热，必须在白天从数里外拖柴薪回来，以便烤火烧饭。天长日久，练就一种超乎寻常的耐性。生活在巴西丛林里的印第安人，为了生存，他们有时用头顶着从河里取来的水，穿越那些长满有毒、有刺的棘藜和能使人纠缠至死的藤蔓的密林回家。所以同样的艰苦恶劣的自然环境中，磨炼出一种坚韧不拔的性格。在这里生息繁衍的印第安人，真可以说是人类生存竞争中的一个奇迹。此外，寒冷能引起人们的忧郁，阳光会使人们充满乐观情绪。不同的地理环境，的确对人的性格塑造有很大的影响。

无可否认，一个地域的地理、自然、气候环境以及民族构成，会不同程度地影响到该地方人类的生存、生活和发展。很多学者都曾论述过地理环境、气候条件对于民族性格、生活习惯、国家形式以及社会进步的影响，如法国启蒙思想家孟德斯鸠等。19世纪中叶英国历史学家H．T.巴克尔（1857—1861年）在《英国文明史》一书中认为：食物、气候、土壤和"自然界总貌"，是社会发展的决定因素，气候是影响国家或民族发展的重要外部因素。美国地理学家E.亨廷顿在他的《亚洲的脉搏》（1907

年）、《文明与气候》（1915年）、《文明的主要动力》（1945年）等书中，都特别强调了气候对人类文明的决定性作用。

"物竞天择，适者生存。"多样的地理环境、地理条件以及多民族构成民族统一的国家的历史，都决定了"物竞天择"必须是"适者"才能生存。结果就是"适应"的情感，才能生存。一个民族情感和性格特征的形成有其深刻的历史渊源，也是一定的经济、政治、文化的产物。

四、中国传统"情感"的分类学说与情感研究

中国古代对情感的论说有七情论、六情论、十情论和情二端之说（表2-2），值得注意的是学者刘智（约1660—1730年）的"十情说"，他在《天方性理》中论述了伊斯兰教的宇宙天人观，提出"三一通义"观：主宰天地万物的真主独一无偶，是"真一"，"真一"是种子，由此产生天地万物，这是"数一"，人通过自己认识自己，认识了世界和造化万物的真主，这是"体一"，最后，天人浑化，复归于"真"。刘智以伊斯兰教的"真一"比附理学的"理"，以"数一"和"体一"比附理学的"性"，认为"天方之经大同孔孟之旨"。①他认为人之性包含了万物之性，因此人为万物之灵。

---

① 中国大百科全书出版社编辑部. 中国大百科全书·哲学Ⅱ[M]. 北京：中国大百科全书出版社，1987.

表2-2　中国传统"情感"研究的对比分析

学说	文献记载	内容
六情论	《左传》《白虎通》	喜、怒、哀、乐、爱（好）、恶
六情论	《黄帝内经》	喜、怒、忧、思、恐、惊
七情论	《礼记》	喜、怒、哀、惧、爱（好）、敬、欲
七情论	《荀子》	喜、怒、哀、乐、爱（好）、恶、欲
情二端	《礼记·礼运》	好（爱）和恶（憎）两端。 "饮食男女，人之大欲存焉；死亡贫苦，人之大恶存焉。故善恶者，心之大端也。"
十情论	《天方性理》	喜、怒、爱、恶、哀、乐、忧、欲、望、惧

从表2-2看来，中国古代关于情感的分类基本上以情感的原发状态为基础，在情（恶）与性（理）、情（高）与欲（下），情（好恶）与行（趋利避害）的关系中，对于情感的复杂形态的探讨主要是从情性品位、个性品格、人才类型入手；对自然的情感体现在道家、儒家、佛家的自然观中，往往以诗画形式体现出来；对审美情感的探索集中在艺术领域。

关于对人的情感趋向划分层次，作为道德修养论、人才论的基础等这类研究在中国古代十分盛行。孔子按照智力把人分为"上智""中人""下愚"，按性格特征分为"狂者""中行""狷者"，认为"狂者进取，狷者有所不为"，他认为如果不学习，仁、智、性、直、勇、刚等品质将流于"六蔽"。孟子根据社会地位、分工和修养程度划分大人和小人，认为"从其大体（心）者为大人，从其小体（耳目）者为小人"，"劳心者治人，劳力者治于人"，他主张在人伦关系中体现一般的道德情感，"父子有亲，君臣有义，夫妇有别，长幼有序，朋友有信"，而士阶层必须培养浩然之气，舍生取义，做"富贵不能淫，贫贱不能移，威武不能屈"的"大丈夫"。孟子还把理想人格划分为善、信、大、圣、神几个等级，认为理想人格是在艰难困苦中磨炼而成的。庄子一方面认为在乱世中人应该处于"材与不材之间"，"安时处顺"，另一方面又追求精神自由，提出"至人无己，神人无功，圣人无名"，"真人道我为一，不知悦生不知恶死"，事实上是通过超越仁义礼法的束缚，在无己无为中成就个体人格，对魏晋不少人物的人生追求有影响。汉代董仲舒提出"性三品"论，认为圣人之性本善，斗筲之性本恶，中民之性可善可恶，必须教育，而且"人欲之谓情，情非度制不节"。王充强调人性有善有恶与禀气有关，"顺情从欲，与鸟兽同"，"故夫学者所以反情治性，尽材成德也"。

唐代的韩愈的性情三品说是中国传统性情论的一种总结，他认为性是先天具有，包括仁、义、礼、智、信"五德"，情为后天反应，包括喜怒哀惧爱恶欲"七情"，只能因情以见性，不能灭情以见性。人性有上（善）、中（可善可恶）、下（恶）三品，中品之性可改变；人情也有上（合乎中）、中（有过有不及）、下（不合中）三品，与性三品对应，这一理论在维护封建统治的同时，对于肯定情感在人性结构中的地位有积极意义。

明清时期，中国封建社会逐渐走向颓败，而集儒、道、释思想为一体的宋明理学走向成熟，建立了以"存天理、去人欲"为基本纲领的封建意识形态，朱熹的哲学集大成，在数百年里成为国家哲学，存理去欲、重义轻利成为道德评价标准，引导人们通过知行合一的内在修养，达到只有纯乎天理、不杂人欲、不关心事功的"圣人"境界。这在工商文明萌芽的历史阶段是消极保守的人生观。此期的封建伦理思想与伴随工商文明的萌芽发展起来的具有启蒙意义的思潮，包括唯物主义、功利主义、个性主义、重习行倡实学的济世思想、反专制的民主思想等，形成尖锐冲突。但强大的传统势力窒息了中国内生式的现代化的萌芽，工商文明终于未能顺利发展起来，使明清之际的启蒙思想成为空谷绝唱，没能成为渗透现实生活和广大民众的主流观念。

现代哲学家冯友兰的人生境界说，可谓中国儒家传统思想人格论的总结形态，集中体现了中国人的道德情感的取向：自然境界中的朴素民性，功利境界中的英雄才人，道德境界中的贤人，天地境界中的知天、事天、乐天、同天四阶段的精神超越，最后到儒、道、释追求的圣、仙、佛的觉醒层次，"体与物冥"，"万物皆备于我"，"同与大全"，达到道德意识与宇宙大全意识的合一。[①]

五、造物中"情"的起源

当人类进入文明社会以后，随着物质生产和精神生产的不断发展，尤其是文化的日益繁荣，使得各领域学者对于影响造物文明的元素进行了种种探索，形成了许多不同的解释，其中影响较大的主要有以下几种：

（一）艺术与"情"

关于艺术的本质，中外许多思想家、美学家和艺术家们都曾经对此问题进行过研究和探索，其中有代表性的观点主要有"客观精神说""主观精神说""摹仿说""情感说"（表2-3）。

对比表中四种观点可以看出，黑格尔对美学的核心定义是"美就是理念的感性显现"，[②]他的看法又包含了深刻的辩证法思想，他认为，"理念"是内容，"感性显现"是表现形式，二者是统一的。艺术离不开内

---

① 冯友兰. 儒家哲学之精神 // 三松堂学术文集[M]. 北京：北京大学出版社，1984.
② [德]黑格尔. 美学（第一卷）[M]. 朱光潜，译. 北京：商务印书馆，1979.

容，也离不开形式；离不开理性，也离不开感性；主观精神说的观点强调，艺术创作中主观精神的重要性，并且把自由活动看作艺术与审美活动的精髓。"摹仿说"在西方一直是很有影响力的一种观点。古希腊的亚里士多德在人类思想美学史上第一次以独立的体系来阐明美学概念，他强调艺术所"摹仿"的不只是现实世界的外形和现象，而且是现实世界的本质和规律。情感说正是托尔斯泰艺术所要传达的妙义，在托尔斯泰的艺术情感说中，他把"艺术的使命"定为实现"人类生活的最崇高的目的"，这就是要把人类的幸福在于互相团结这一真理，从理性的范畴转移到感性的范畴，并且把目前的暴力的统治代之以上帝的统治，换言之，代之以爱的统治。

表2-3　艺术本质学说的对比分析

学说	客观精神说	主观精神说	摹仿说	情感说
观点	认为艺术是"理念"或者客观"宇宙精神"的体现	认为艺术是"自我意识的表现"，是"生命本体的冲动"	认为艺术是对现实的"摹仿"，到后来认为艺术是"社会生活的再现"	一个人有意识地利用某些外在的符号把自己体验过的感情传达给别人，而别人为这些感情所感染，也体验到这些感情
代表人物	柏拉图、黑格尔	康德	亚里士多德	托尔斯泰
主要论述	理性世界是第一性的，感性世界是第二性的，而艺术世界仅仅是第三性的。把艺术的本质归结为"理念"或者"绝对精神"	把自由看作艺术的精髓，他认为正是在这一点上，艺术与游戏是相通的。他强调艺术创作中，天才的想象力与独创性，可以使艺术达到美的境界	认为艺术是对现实的"摹仿"。他首先肯定了现实世界的真实性，从而也就确定了摹仿现实世界的艺术的真实性	认为情感和生命紧紧联系在一起，认为它是人的心性的最真实而深刻的表现。他从事艺术，也认为只有艺术才是推动人的情感活动的至高手段

（二）情的本质

马克思指出，物质社会的生产方式制约着整个社会生活。艺术作为一种特殊的社会意识形态，有着自身的发展规律，但归根到底仍然离不开经济基础的决定和制约①。从以上分析中看出，艺术是为了满足人类精神需要的一种形式，它构成了人类的精神文明，作为一种特殊的满足人们审美需求的精神生产，艺术实质上就是情感的一种表现形式。

第三节　中国传统造物设计中显现的"情"

简单地说，"情"就是人的思想感情。中国是礼仪之邦，传统儒学是中国文化的主干，其影响可以说渗入了日常生活的方方面面，无时无刻不在。

先秦孔子创立儒家学说之始，就是要用周代的宗法制度，来约束当时礼崩乐坏、人欲横流的世界，显然对于人的情感并未一味扼制，我们从孔子对《诗经》的评价，如"哀而不伤，乐而不淫""思无邪"等话语中，不难看出其对情的中庸态度，这也是中国人情感追求中的含蓄、内敛的性格特征的表现，一如《诗经·关雎》中所描述的水中佳人一样。汉代大一统的王朝采用独尊儒术的政策，使得儒学礼教的理想成为封建正统伦理道德的教条，于是礼对情的约束也就以合法的官方哲学的面貌在中国展开。"发乎情，止乎礼"，被定为每个社会成员都必须遵守的道德标准，否

① 彭吉象. 艺术学概论[M]. 北京：北京大学出版社，1994.

则就会被视为与礼法有冲突，就会受到谴责或者惩罚。先秦儒学将"情"与"礼"相对列举，情的外延还相当广泛，概指一切思想情感，但宋儒明"天理""人欲"之辨，情被界定为与人的本性相冲突的后天的欲望，于是"情"便与"欲"合而为一，进而被视作遮蔽性本之物而受到排斥，情与性的界线越来越明显，而与"欲"的差距却不断缩小，到明清理学家的脑子里，"情"几乎就是人欲的代名词了。

中国古代造物情感散见于古代贤人的文化思想中，尽管不成体系，但它却对中国古代工匠的造物活动产生了重要的影响，甚至规范着古代工匠的造物形制。因此，通过对古代器物的形制以及材料的使用等的分析，我们可以窥见古代造物思想与观念，比如：造物中"器"与"道"的关系、整体意识、亲和力、活性、"有"与"无"的关系等造物意识与观念。这种"器""道"的双向互动方式构成了中国古代造物艺术独有的特征与造物风格。

一、"器"与"道"中的"情"

《庄子》云："造物者为人。"阐明了"造物"的主体是人。既然是人的行为必然体现人的思想意识，所以"造物"所体现的，并非是单纯的"器"，它隐藏了中国古代对"道"的认同。晋代的司马彪注《庄子》云："造物谓道也。"就是说通过造物的"器"体现"道"的观念，把造物的行为提升到对"道"的意识的高度。

在中国传统哲学思想等意识中体现了十分普遍的造物观念，有的十分突出。《道德经》仅以五千言总结了宇宙万象，其中的核心内容是"道"与"名"。"道可道，非常道；名可名，非常名。"（《道德经》第一章）老子以"道"来概括宇宙的根本规律与原理，以"名"来归纳世界的所有创造之器物。"道"是宇宙的总体规律，"名"是宗教与情感等相关的盛物之"神器"，是通往"天"与"神"的神器，因此不是一般的器物。所以"名"的自身意义就是指"器"。《庄子·天运》引老聃对孔丘所言，其云："名，公器也，不可多取……"郭象注曰："夫名者，天下之所共用。"《管子·枢言》云："国有宝，有器，有用。城郭、险阻、蓄藏，宝也；圣智，器也；珠玉，末用也。"房玄龄注曰："圣无不通，智无遗策，二者可操以成事，故曰'器'"。又《心术上》云："物固有形，形固有名，名当谓之圣人。"则"器"与"名"皆可言圣，而"名"与"器"在其本源意义上就是可以相通的。《道德经》中，所谓"圣人"者，就是合"道"也，而"名"与"器"正离"道"不远也。道与器作为哲学范畴，具有一般和个别的含义。唐宋以来，关于道器问题的争论，在哲学上是关于一般和个别问题的争论。唯心主义者，如王弼派玄学家和程朱理学家，以一般的东西"无"或"理"为独立自存的实体，认为一般的东西可以脱离或先于个别的事物而存在，属于客观唯心主义。心学派则以心为道器的根源，属于主观唯心主义。唯物主义者王夫之等，则以个别的东西为客观存在的实体，以道为个别事物的规律、规范，认为一般的东西寓于个别的东西之中，因个别东西的变化而变化，世界上没有永恒不变的抽象原则。从"器"与"道"的关系中，归纳起来主要有以下几个方面的造物观念。

二、整体思考之"情"

首先，中国造物观念体现在造物的整体意识上。道家思想中对"道"

与"器"的解说，显示了造物的整体观念。传统造物观念在整体观念上以自身生命体验去感悟客观世界，不但受老子关于"道"与"器"的影响，也受到庄子的影响。

《道德经》五十二章云："天下有始，可以为天下母。"意思是说天下万物都有一个源，可以把这个始源看成万事万物的根本。"母"为"道"，《道德经》二十五章云："有物混成，先天地生……可以为天地母。吾不知其名，强字之曰道。"老子认为混沌是可以成为"天下母"的，母即能孕者，是始，但只是"可能"而不是"一定能"。可见老子关注的不是"生"，而是生的"可能"。老子说的"天下有始，可以为天下母"，更进一步说明"道"有成就天下万物的可能。这个"可能"最重要，是创造新事物的前提，因此，作为始与母的"道"，具有了一种潜在地对"天下万物"的规定与滋养，同时也是造物之母。最重要的是老子后面的话："既得其母，已知其子；既知其子，复守其母。"（《道德经》五十二章）意思是既然认识到了万事万物的根本与特性，就要回来坚守这一根本。从母体中"创生"的事物，必须回到"道"这个规定性中。实际就是要创生的事物再回到混沌的整体之中，这才是老子最为关心的问题。说明了"道""器"不单是一个"始"与"生"的关系，而且是一个再由"生"回到"始"的整体关系中去，即完成由"器"进"道"的过程。因此，我们在"道"与"器"的关系中，看到了中国传统造物观念是一个整体造物观念。

三、"情"之亲和力特征的显现

中国传统造物观念的形成是以自给自足的自然农业经济为基础的，

人与自然的联系非常紧密，人与自然融为一体。所以，传统造物观念注重自然界性能与特质，与自然界保持融洽的亲和力。中国古人似乎与生俱来地讲究应天之时运，地之气养，主张人与自然的沟通与融合。这种亲和自然的文化情感，对中国传统造物观念产生了重要的影响。顺应天时与地气作为造物原则，在造物的主体材料选择上，常用具有"生性"的再生物质材料。例如，中国传统喜爱用木质材料作为造物的基本元素。木材品种丰富、受自然条件限制较小，又有地域的土质、风水、气候所造就木质的密度、韧性、色泽各不相同等特点。而且，木材在造物实践活动的运用中，还形成了与自然和谐的普遍情结。《诗经》中就有"其桐其椅"的诗句，显现了这种亲和的情结。"椅"即"梓"，以及"桐"是一种树木的名称。中国古人尚木的情结，可能与传统哲学思考的"金、木、水、火、土"等文化因素有关，"金、木、水、火、土"是一个生生不息的再生系统。《五行大义·论相生》疏证："木生火者，木胜温暖，火伏其中，钻灼而出，故木生火。"择木的传统造物观念显露了，宇宙天地万物都是生生不息的生灵，木材这种"再生"的生命物质特质与人的生死轮回有着内在的相似性，它与人之间显示了一种隐喻性的结构，因而具有与人的亲和力的种种性质，奠定了造物的物质基础。这种观念与中华民族天人和谐的文化精神相弥合，使古代工匠对木情有独钟。漫长的耕作实践，又使得人们对木的品质有了更深刻、更细化的认识，逐渐形成了对木质材料独特的审美评价。将木质在自然中形成的特殊质地等品性，如肌理、木纹、密度、韧性、色泽、气味等，均作为审美价值的取向，建立起了对事物普遍性的审美认识。不仅仅如此，进而以木的特殊性质，理性地构造了造物审美哲学高度。中国传统的阴与阳的观念，在木质材料中得到了最充分的展现。在木质的造物结构中，传统造物技术不用一钉一铁，而是运用"榫卯"结构固定与连接。"榫卯"的结构就是阴阳关系，一阴一阳相互抱，使得造物在阴阳的关系中完成，暗合了中国传统的"道"的思想。

四、"情"之生命特征的显现

造物中强调造物的"活性"，即生命。老子在《道德经》三十章中对"生成"的物体解释为："物壮则老，是谓不道，不道早已。"事物强盛了就会走向衰微，过分求强求壮是不符合"道"的规律的，不符合"道"这个规律，就会很快衰亡。老子在《道德经》七十八章中强调"柔"："天下莫柔弱于水。"水的特点是老子最为欣赏的，因为"水"最能体现老子所认为的"道"。《道德经》八章云："上善若水。水善利万物而不争，处众人之所恶，故几于道。"明确地讲到了"水"与"道"的关系，水善于施利于万物而不与万物相争，安居于众人所讨厌的低洼之地，所以说它的行为差不多符合道德的原则。《庄子·天道》亦云："水静犹明，而况精神？圣人之心静乎！天地之鉴也，万物之镜也。"我们从中看到了这些"水"是与"道"联系在一起的。这仅仅是以水言"道"，更重要的是水具有流动性、无限性、能退能攻的灵活性。这正是老子和庄子的"活性"。水的活性，都与"创生""生命""活"等生命观念密切联系。古人认为，人的一切实践活动包括情感活动都属于自然中的一部分，是"理"的体现，但"理"必须服从自然规律的这个大系统运行，即"道"的运行。各个事物的"理"的整合就是"道"的这个大系统。所以人的造物实践活动的"理"与其他事物的"理"在"道"的大系统中相类动。《礼记·乐记》云："万物之理各以类相动。"讲明了自然界各个"理"在这个大系统中运行。

五、"情"的想象空间之表现

古代造物观念内在规定性体现了"有"与"无"的道家思想。老子对创造的可能性从"无"探求到"始","始"即"有"。从"无"到"有"之创生，蕴藏着从"有"转化为"无"的深刻意义。如果从老子思想更深处的"无"这个观念去体会"道"，就可能依着"无"这一思路观造物的深处、远处、最根本处和最原创处之玄妙意蕴。《道德经》十一章曰："三十辐共一毂，当其无，有车之用；埏埴以为器，当其无，有器之用；凿户牖以为室，当其无，有室之用。故有之以为利，无之以为用。"这是老子最直接而明确地揭示造物观念中"有"与"无"关系的论述。一切造物正是因为有了"空"，才有用。三十根辐条集中在一个车毂上，有了车毂的空间，车子才有了作用；陶土制造的器皿，有了器皿中的空间，器皿才有了作用；开了窗户的房屋，是因为有了空间，才有用处。器物给人带来便利，而器物的作用正是因为有了空（无）才得以显现。这就是造物"空"与"有"的观念。"空""无"是"道"体现的那个"未生"，因此，只有在"未生"之时，才能成就这样的完备之处，这是造物艺术中"器物"发展到极致之处即"始物之妙"的根本造物原则。

六、"天人合一"的造物之情

"天人合一"造物理念，在中国人的生活和社会发展中起到重要作用，在中国传统文化中占有很高的地位，对于此类的研究较多。"天人合一"作为一个哲学思想，已经有了很丰富的阐述，以至于当人们谈起中国的造物思想时，就会提起"天人合一"，无论是思想领域，还是文化领域和经济生产领域，乃至茶余饭后的闲聊，"天人合一"成为广泛使用的"工具"。但是，这样一个被广泛使用的"工具"，是无法明确界定的概念。

在笔者看来，"天人合一"其实是中国人造物思想中，对于人与自然关系的认识，"天人合一"并不是工具，而是散见于中国古代造物中显现的"天—地—人"的自然情感。

"天人合一"在中国古代的政治、生活、生产、军事、艺术各领域，尤其是在建筑和规划领域体现得较多。

"法天象地"是中国古代艺术和建筑活动长期遵循的法则。春秋时，伍子胥造阖闾城，"相土尝水，象天法地，造筑大城，周回四十七里。陆门八，以象天八风。水门八，以法地八聪"（《吴越春秋·卷四·阖闾内传》），是建筑活动法天象地的最早记载。秦汉建筑更是法天象地的杰出代表，始皇陵"以水银为百川江河大海，机相灌输，上具天文，下具地理"（《史记·秦始皇本纪》）；汉代宫苑"其宫室也，体象乎天地，经纬乎阴阳，据坤灵之正位，仿太紫之圆方"（班固《西都赋》），鲁灵光殿"规矩制度，上应星宿"（王延寿《鲁灵光殿赋》）。对天象的模仿，以构成秦汉宫苑空前庞大的规模。汉人认为，天上以北极星为中枢，"斗（北斗）为帝车，运于中央"（《史记·天官书》），于是，人间以东岳泰山对东方苍天，以西岳华山对西方昊天，以中岳嵩山对中方均天，山川形势与天文之象对应。辟雍、明堂是三代以来流传有绪的礼制建筑，其得名与法天象地的建筑思想有关，"辟者，璧也，象璧圆以法天也。雍者，雍之以水，象教化流行也"，"明堂上圆下方，八窗四闼。布政之宫，在国之阳。上圆法天，下方法地，八窗像八风，四闼法四时，九室法九州，十二坐法十二月，三十六户法三十六旬，七十二牖法七十二候"（班固《白虎通》）。法天象地与礼乐教化糅合，成为中国古代最为重要的建筑设计法则。

"法天象地"之情见于中国古代大量造物活动中。中国古老的天文图"河图"中，有55个黑、白点，代表天地之数，东西南北中五个方位，都有一奇一偶两组数字搭配，表示世间万物都由阴阳化合而生。"洛书"不论是东西南北四个方位点数之和，还是横轴、竖轴上点数之和，都是15，因为"阳动而进，变七之九，象其气之息也；阴动而退，变八之六，象其气之消也。故太乙取其数已行九宫，四正四维，皆合于十五"[①]。"天数二十有五，地数三十，凡天地之数五十有五"（《易明图辨》），所以，一、三、五、七、九是天数，二、四、六、八、十是地数。

《淮南子》则将"法天象地"的造物思想制度化了："制度，阴阳大制有六度，天为绳，地为准，春为规，夏为衡，秋为矩，冬为权。"（《淮南子·时则》）汉代的占卜工具，由上、下两盘组成，上盘圆，象征天；下盘方，象征地。如1977年安徽阜阳出土汉代漆木，盘上数字一对九，二对八，三对七，四对六，五居天数之中，与洛书完全吻合。铜钱外圆象天，为阳；内方象地，为阴。一阴一阳谓之道，天地抱合，阴阳相就，所以，钱纹被认为大吉之象。围棋从外形到格局，都有对"河图"的模仿：棋盘是方，棋子则圆，梁武帝《围棋赋》"圆奁像天，方局法地"；棋子半数白，半数黑，象征阴阳相生相克。

风水术是我国古代阳宅（城镇、村庄、住宅）、阴宅（坟墓）选址和规划的理论和方术，风水术又称堪舆学，"堪舆，天地总名也"（《汉书·扬雄传》）。东汉，阴阳家的原始科学披上了伪科学外衣，风水术兴起，三国以后盛行。风水术以天—地—人"三才"为核心，以阴阳五行思

---

①[英]李约瑟. 中国科学技术史[M]. 北京：科学出版社，1999.

想及八卦说为哲学支撑，以"理""数""气""形"等为理论框架，以占天卜地为主要手段，演绎出关于建筑选址中方位、色彩、数字等的全面理论，民间流传极广。

风水先生借助"六壬盘"来占卜天地。盘由上下两盘同轴叠合而成。上层圆形，以象天，称天盘；下层方形，以象地，称地盘，二盘叠合，暗合"天圆地方"。天盘正中设北斗七星，周围设两圈篆文，内圈篆文标十二个月，外圈篆文标二十八宿。地盘四边设三围篆文，内围为壬癸、甲乙、丙丁、庚辛八干及天、地、人、鬼四维，中围为十二地支，外围为二十八宿。小小六壬盘，纳天、地、人、鬼、天文、节令于一体，表现了中国人整体的思维方式和深广的宇宙意识①。继六壬盘之后出现的风水罗盘，更集河图洛书、阴阳二气、八卦五行、天星势象之大成，"天人合一"的情感以模式化的方式显现出来。

风水说对于老子的"万物负阴而抱阳，冲气以为和"解释为：基址背山面水，后有主峰为屏障，左右有次峰辅弼，山上植被丰茂，前有池塘或流水，对面有山对景，轴线坐北朝南。负阴抱阳、背山面水成为城市、乡村、住宅、陵墓选址的基本原则。城池的选址历来为统治者所重视，如六朝建邺城的选址，"石头在其西，三山在其西南，两山可望而挹。大江之水在其前，秦淮自东而来，出两山之端而注于江，此盖建邺之门户也；覆舟山之南、聚宝山之北，中为宽平宏衍之区，包藏王气，以容众大，以宅壮丽，此建邺之堂奥也；自临沂山以至三山，围绕于其左，自直渎山以至石头，溯江而上，屏蔽于其右，此建邺之城郭也；元武湖注其北，秦淮水绕其南，青溪萦其东，大江环其西，此又建邺之天然之池也。形势若此，

---

① 朱立元. 天人合一：中华审美文化之魂[M]. 上海：上海文艺出版社，1998.

帝王之宅宜哉!"(《景定建康志》卷一七《山川志序》)隋文帝建大兴城,宇文恺依照《易》之八卦六爻进行城市规划,"以九二置宫殿以当帝王之居,九三立百司以应君子之数,九五贵位,不欲常人居之,故置玄都观及兴善寺以镇之"(李吉甫《元和郡县图志》卷一)。明代迁都北京以后,将宫殿中轴东移,使元大都中轴落西,处于风水说上的白虎凶位,又在元代宫殿的位置上建景山,以镇元代王气。都市风水与朝廷兴废联系了起来。

中国传统的造屋选址同样重视"风水"。乡村选址重视山水的"来龙去脉"和树林的遮挡,重视藏气纳风。如古徽州村庄(图2-2)选址,特别重视"水口","绿树村边合,青山郭外斜",山光水色与民居、田园交相辉映,貌不惊人的村落,却蕴藏着和谐感人的情感魅力。传统的风水说对于民居的选址归纳为阳宅需教择地形,背山面水称人心;山有来龙昂秀发,水须围抱作环形;明堂宽大斯为福,水口收藏积万金;关煞二方无障碍,光明正大旺门庭。这样的建筑选址,对通风、采暖、采光、给排水等居住环境因素进行综合协调,形成良性的生态循环,不仅充分考虑人的生存需要,还满足了自然界因素的平衡需要,同时满足了人对山水美的精神需求。如山西灵石王家大院,处于负阴抱阳、背山面水的北山坡上,背山可以阻挡寒冷的气流,面水可以接纳夏日的凉风,向阳便于取暖采光,缓坡可以避免水患,形成自在自得的小生态环境。凡宅左有流水谓之青龙,右有长道谓之白虎,前有

图2-2　徽州古村落——宏村

河池谓之朱雀，后有丘陵谓之玄武，住宅前有池塘，后有青山，左右有流水和道路，可以说无一不合。李约瑟考察我国建筑后发现："再没有其他地方表现得像中国人那样热心于体现他们伟大的设想'人不能离开自然'的原则，这个'人'并不是社会上的可以分割出来的人。"

风水说还将建筑方位、色彩、数字与五行、四兽联系起来，认为天地之气按五行的顺序排列，一曰水，二曰火，三曰木，四曰金，五曰土。故宫阳区有前三殿、三朝五门之制，取天数；阴区有六宫六寝，取地数。"九"被称为"老阳"，居天数之极，五居天数之中，五行中为土，所以，太和殿庑殿顶有五条脊，故宫房屋9999.5间，门钉横九路竖九路，都暗含九五之数。18、36、72、108等吉数，也从九中化出，如故宫角楼建作九梁十八柱。文渊阁是故宫内唯一开间为偶数的建筑，因为藏书楼怕火，文渊阁底层六间，上层是一个大通间，暗合"天一生水，地六成之"。文渊阁又是故宫内唯一用黑墙、黑瓦的建筑，黑为水，水克火，利于藏书。天安门至端门不栽树，因为南方属火，不宜加木，免生火灾。右青龙为木，左白虎为金，下朱雀为火，上玄武为水，中央为土，所以，宫城正门（南门）前大街惯称"朱雀大街"，中国传统宫殿朝东房屋都用青龙瓦当，朝西房屋都用白虎瓦当，朝南房屋用朱雀瓦当，朝北房屋用玄武瓦当。正如李允鉌说："阴阳五行之说中的象征主义，例如五行的意义、象德、四灵、四季、方向、颜色等很早就反映到建筑中来。这些东西在建筑设计中运用不但是在艺术上希望取得与自然结合的'宇宙的图案'，最基本的目的在于按照五行的'气运'之说来制定建筑的形制。因为在秦汉时候的人十分相信'气运图谶'——观运候气的观点而作出的预言，因而建筑上的形、位、彩色和图案都要与之相配合，以求使用者借此而交上'好运'。"①排除"风水说"中的谶纬迷信和附会的说法，不妨认为，"风水说"是我国古代的环境科学和环境规划理念，可以窥见古人在"天—地—人"宇宙观下早熟的系统意识。

中国传统的大屋顶檐角起翘，反曲的屋面和龙吻、鸱脊、脊兽等装饰构件，形成变化丰富的曲线，避免了造型的僵硬冷峻，使沉重的屋顶看似要轻盈地飞起。殿式建筑呈台基、屋身、屋顶三段式，延展的台基不仅起防涝防潮和承重的作用，更使屋身柔和地过渡为地面，与地面的交接不见突兀。三段式丰富的曲线与自然界丰富的曲线浑融交织，因此，中国建筑与自然山水总是十分契合，对此，中国人以"曲生吉，直生煞"解释。各地民居如福建的圆楼（图2-3）、傣族的竹楼、藏族的碉楼、湘西的吊脚楼等，各自适应当地的自然形势，达到了人居与环境最为完美的契合。如

湘西吊脚楼贴山而造，通过柱子的长短适应山势，仿佛无限深情地依偎着山水，民居与自然水乳交融，合为一体。

西方建筑重视单体，张扬人性之情，垂直向上，直指苍穹。中国建筑通过"数"的叠加，通过院落的组合来扩大平面规模，建筑群落形成极为优美的天际线，所以，中国建筑是群体和院落。西方建筑的底层部分，一般不作横向铺开，美感突兀，缺少融合和过渡；中国建筑多水平铺开，犹如万物生长于大地。

图2-3　福建传统民居——圆楼

① 李允鉌. 华夏意匠[M]. 香港：广角镜出版社，1982.

中国古代除阴宅建筑广用石材之外，阳宅建筑多用木材。石头坚硬，棱角分明，容易与人的视觉心理产生对抗，有悖于中国人天与人亲和的哲学观念；木材轻巧，易于加工，美感深沉含蓄，给人更多的人情味和亲切感。从建筑选材上看，中国建筑大量使用木材为基本构架，并不是因为中国的石材供给不足，而是基于中国人天人合一的宇宙观。

中国传统建筑构件的外露部分多雕刻以自然生物，除了结构和装饰双重功能以外，还有情感的表达功能。如汉代以后，房屋正脊两端多饰以雕刻而成的鸱尾，汉柏梁殿灾后，越巫言海中有鱼，虬尾似鸱，激浪即降雨，遂作其象于屋，以厌火祥，李允鉌解释说，"据说鸱尾是佛教输入后而带来的一种意念，所谓虬尾似鸱的鱼就是'摩诘鱼'，所谓'摩诘鱼'就是今日所称的鲸鱼。鲸鱼会喷水，因此将它的尾部的形状放在屋顶上，象征性地希望它能产生'喷水'的防火作用"[1]。后来，鸱尾发展为龙首鱼尾的怪兽，称"螭吻"或"龙吻"，以阻挡风雨雷电、确保房屋永固。建筑门上的衔环铺首，又名"铜蠡"，多雕刻作兽首形。"蠡"是传说中龙的儿子，善水，装饰于门环之上，用作防火并镇邪驱鬼，以"保"门户安全。传统建筑的彩绘的主题也取自自然景物，藻井是室内顶棚凹进去的部位，其形如井，《风俗通》中说"殿堂象东井形，刻作荷菱，菱，水物也，所以厌火"。张衡《西京赋》有"蒂倒茄于藻井，披红葩之狎猎"句，李允鉌解释："茄，即荷茎，与荷藁、莲华等同属一物，绘上这些植物图案同样也是寓意防火。'藻'是水生植物的总称，'藻井'这一个名词可能就是由此而来。"[1]清代，建筑彩绘的内容更加丰富，而青绿基调的象征意义一直未变。

---

① 李允鉌. 华夏意匠[M]. 香港：广角镜出版社，1982.

古石碑多雕刻作"螭首龟趺"样式，并且总是由龟趺、碑身、碑额三部分组成：龟趺象征冥地，它是龙的儿子，是它承载了大地，大地才能承载万物；碑身象征人间，刻死者生前事迹；碑额象征天界，刻云、龙、日、月。石碑成为缩微的宇宙模型。中国人认为，自然生物与人造物之间有一种冥冥的联系，加之"有关'礼'的解释纳入了'五行'的内容之后，用以表达其意义的'象征主义'就开始以各种方式在建筑中出现了"。①而中国人在大门左右、桥栏的两端或牌坊柱子左右，常常放置圆形的抱鼓石，使栏杆、柱子、门墙向地面和谐过渡，将建筑的"气"不露声息地导入地面，建筑构图有始有终，很少突然而来，或突兀地消失。高耸的华表上方，雕刻横向造型的日盘、月盘，用曲线改变坚硬的线廓，减弱垂直线的冲击力，使其不再像利刃那样直刺苍穹，而与自然协调，给人亲切之感。斗不仅向柱子均匀传递着屋顶的重量，也使屋顶与屋身之间过渡柔和。宫殿的露台钩阑上，往往雕刻龙凤；牌坊毗卢帽上，往往雕刻云头；桥栏杆上，往往雕刻石狮：都是有意让坚硬的造型绕一绕，弯一弯，以减少直线与环境的强烈冲撞。门前的抱鼓石、枋柱间的雀替、柱子的石柱础，除了有保护大门不受强力碰撞、支撑起枋柱和保证柱子不遭腐蚀、不下沉等功能以外，又避免了门与地、枋与柱、柱与地直角交接形成的强烈冲撞，增加了建筑的柔和韵味。江南建筑将屋脊做成甘蔗脊、鸱尾脊、兽头脊、哺鸡脊，将轩做成海棠轩、鹤颈轩、菱角轩、船篷轩，将窗做成花窗，墙上开各式洞门，使刻板单调的屋顶和墙壁变得风情万种，充满人情味。

而在器物的生产中，中国人特别重视以物表情。生产原料如竹、木、

① 李允鉌. 华夏意匠[M]. 香港：广角镜出版社，1982.

漆、藤、角、牙等，取自自然，触感温暖，为自然所容纳，永远不会破坏自然生态的平衡。造型与图案往往避免锐角，不直接表现为纯几何化的方形和圆形，而是在方与圆中求变化，显得大方安稳，温和内敛。如果说工业时代的设计表现出在功能方面对适用、舒适的关注；而中国传统造物则在形式方面，表现出更多对物与境的融合。

中国原始社会的彩陶用泥造型，多曲线，显得浑圆饱满；商周礼器用金属造型，多直线，方硬厚重中有气韵的流动变化；元代瓷器方圆结合，方中有圆，圆中又有方，庄重大气又富于人情味；明清器皿造型表现为收放自如、富于变化的曲线，即使是某一造型的局部或某一图案开光，往往不表现为方形直角，而表现为方形委角——方形也以圆角或圆转的折线收束，以减少视觉的坚硬感和对环境的冲击力，圆形或作扇面，使其有直，或取圆形的局部作C形、S形旋转重复，以产生丰富的变化。总之，器物造型排斥数理特征，疏远纯理性的几何形，追求富于情感的自然造型，赋单纯造型以含蓄隽永的自然韵味，体现出中国人与自然融合、避免冲撞的民族性格。

中国传统家具或器皿与承接面接触的部分，往往造型铺开，如花瓶的底足向外伸展，桌椅的脚呈外翻"马蹄"，使之与承接面协调过渡，不觉突兀，形成整体和谐的美感。家具构件相连接的地方，不作直线交接，避免突兀。必添加的装饰构件，如屏风的牙板、桌椅的"枨"，不仅起支撑、固定相邻部件的作用，更打破了平直呆板，使家具的空间分割变化丰富，使气浑融周转于家具部件之间，使人看不出各部件是分离的，而浑融为天衣无缝的"一"。家具的边沿如边抹（大边和抹头）、冰盘沿（言其像盘具之边）等，方角必转换为圆角或线脚，以减少直线，减少强烈的冲撞感和冷酷的功能感。

中国古代往往以自然形态的花鸟、动物、山水为图案，千方百计将自然引入人工造物。图案必求完整、和谐、圆满，不取冲撞、残缺、突兀，曲线生生不息，从中可见中国人拥抱自然、亲近自然的造物艺术法则。一些远古流传的纹样，正是中国人天地意识的图像化。如伏羲画太极图，以最简单的结构揭示出宇宙万物的变化节奏。相反的两极相抱相逆，相生相克，你中有我，我中有你，黑白对峙，混融一体，似静欲动，充满生命意味。太极图演变作"一整二破"的方回纹和阴阳反复的八吉纹，一线运动，生生不息，民间称它"富贵不断头"。建筑中常见的回纹锦，即《营造法式》所说的"曲水万字"，如水网河道，四通八达，寓意吉祥富贵绵长不断，民间称它"路路通"。北京圆明园"万方安和"景点，旧称万字殿，三十三间房屋组成"卍"字平面，房屋无存，烫样保存在北京图书馆。龙、凤是中国图案的典型。中国造物惯用龙、凤图案，固然因为它们是远古的图腾，更因为龙那游走的躯体、凤那变化的体型线所具备的丰富曲线和优美旋律，与自然契合，具备生生不息的生命感；可伸可缩、可繁可简的形体，又使它适合任何形状的装饰。从与环境融合出发而不是从功能出发的图案设计，正基于中国人天人合一的自然观。

中国传统园林设计体现的是模山范水、移天缩地的设计思想。"王在灵囿，麀鹿攸伏……王在灵沼，于牣鱼跃"（《诗经·大雅》），园林是生灵们自在栖息的地方。《周易》八卦中，以坎、艮两卦代表水和山，《大戴礼记·易本命》"丘陵为牡，溪谷为牝"，把山陵看作阳性，把溪水看作阴性，模山范水，阴阳交合，构成中国园林的基本骨架。王羲之在兰亭"曲水流觞"，"茂林修竹，映带左右"的景观是为对应"仰观宇宙之大，俯察品类之盛"的宇宙情怀。宋代，园林渐趋窄小，士大夫不离城市，坐享林泉，在园林里悟宇宙之盈虚，体验四时之变化。明清，园林成了"壶中天地"，窄小的天地里容纳万象，表现出中国人无限深广的天地情感。如扬州个园用宣石、黄石、湖石、笋石叠作"四季假山"，抱山楼悬"壶天自春"匾额，楼下廊壁嵌刘凤浩《个园记》，句云"以其营心构之所得，不出户而壶天自春"；李渔谓其园"芥子园"，自序"谓取芥子纳须弥之意"（李渔《一家言全集》卷四），明确道出了中国园林移天缩地的设计思想。

而中国皇家园林更有"移天缩地入君怀"的大气。汉武帝开上林苑，将海上三山"移"入宫苑，"营建章、凤阙、神明……象海水周流方丈、瀛洲、蓬莱"（《汉书·扬雄传》）。北齐武平四年造仙都苑，苑中封土为五岳，五岳之间，分流四渎为四海（顾炎武《历代宅京记》），将天子所辖的天下象征性地纳入园内。圆明园九州景观，以九个岛屿环绕后湖布置，比附《禹贡》中天下九州之说；南部正中岛上正殿取名"九州清晏"，点明"寰宇一统，天下太平"的象征性主题。

中西园林都体现出对自然的渴盼，但方式不同。西方园林以建筑作为园林景观的主体，建筑周围，匠心明显，地面规整，轴线分明，大道如矢，交叉点设广场，点缀花坛、雕像、喷泉，甚至将树木修剪成圆、尖、方等几何形状。即使像圣彼得堡皇村那样充满自然情味的园林，主要建筑前面的道路仍然呈三角形、半圆形、放射形等几何形，人登上主要建筑，有一种统揽全局又驾驭全局的气势，其目的是突出"人"，自然是为"人"服务的。中国园林则处处表现出人对自然的依顺，自然山水作为园林景观的主体，哪里造亭，哪里造榭，"自然"早已安排好了，人不过是发现和利用而已。西方园林中的自然，是自然（森林、湖泊、大海）的忠实移入，不用围墙，具有开放性和公众性；中国园林中的自然，是自然的写意和缩微，移天缩地，高墙深深，具有私密性。"移天缩地"又与西方园林的缩微景观不同。中国园林以一勺象征万有，予人以丰富想象，是高于自然的创作；西方缩微景观是一对一的表现，是低于"自然"的模仿，限制了人的想象力。西方造园不掩饰人工的痕迹；中国园林处处有人工，但又处处将人工掩盖起来，处处见自然，以《园冶》的经典佳句概括，便是"虽由人作，宛自天开"。

中国器皿造型的主要手段是自然物的放大或缩小。如瓷器中的葫芦瓶、石榴尊、蒜头瓶、鱼篓罐，宜兴紫砂壶中的南瓜壶、竹节壶等，即使是抽象形，也往往模拟人体的整体和谐和左右对称，把器皿当作一个完整的生命体，以求造型的完整，器皿各部位如口、颈、肩、腰、腹、足等，有对人体器官的比附，局部构件也往往称为耳、鼻、舌，成为活体生命的组成部分。器皿被中国人赋予了生命，呈现的是充满人性的气韵之美。如宋代的梅瓶，那细细的颈、浑圆的肩、丰满的身、收敛的足，分明是一个有教养的女子在正规礼仪场合的立态。

中国古人对宇宙阴阳的认识，发展出中国建筑的虚实观和中国建筑的空间意识，这是中国传统建筑最为重要的特色之一。中国人称屋为"宇"，整个宇宙是中国人的房屋，"天"就是中国人的屋顶，建筑又是一个小宇宙，它与大宇宙相通。因此，中国建筑不像西方建筑那样，明确划分室内外两种性质不同的空间。在建筑空间的组合和分割方面，中国人常常喜欢既分又合，既有边界，又不封闭视线，人处于自然之中，而不是与自然隔绝。所以，中国建筑常常有开敞的檐廊、宽阔的月台、形形色色的栏杆、可拆可卸的隔扇和飞罩，用以打破建筑空间的界限。建筑空间的基本单位称作"间"，它表示中国建筑是敞开门窗采纳日月之光的，建筑与自然不隔离、不割裂，而是过渡自然的"一"，檐廊、月台和栏杆正是建筑与自然的中介。凭栏远眺，天地自然统统纳入人的视线。西方建筑厚重的石墙使内外隔绝，窗户也是为了隔绝和区分内外空间；中国传统建筑的窗户，首先是为了打开，为了收纳无限。明代计成说"轩楹高爽，窗户虚邻，纳千顷之汪洋，收四时之烂漫"（《园冶》）。叶朗解释道：园林建筑的审美价值就在于'纳千顷之汪洋，收四时之烂漫'。也就是使游览者从有限的空间看到无限的空间。在这里，窗子起了很大的作用。西方国家的大教堂也有窗子。那些镶嵌着彩色玻璃的窗子，不是为了使人接触外面的自然界，而是为了渲染教堂内部的神秘的气氛。中国园林建筑的窗子则是为了使人接触外面的自然界。计成说"窗户虚邻"，这个"虚"，就是外界广大的空间。①

　　基于建筑的大空间意识，印度埋葬佛骨的佛塔，到中国以后，摇身一变，成为登高远眺、收纳无限的风景建筑。它垂直耸立，与平面延展的建筑群形成对比，屋顶—斗拱—平座（挑廊）的节奏重复，构成从下至上缓缓内收的优美韵律。中国的园林大多有塔，山上大多有亭，为游人提供了一个登高远眺，驻足流连，引发人生感、历史感、宇宙感的最佳场所。人们登高望远，把无限的时空收入视野，从而引发无限的感慨，引发对整个人生乃至历史、宇宙的哲理性的领悟。这种哲理性的人生感、历史感、宇宙感，深化了中国园林的意境。中国的风景名胜和塔难解难分，塔和诗难解难分，正是因为登高望远，容易勾起人们的天地情怀。风景名胜中常常建塔建亭，正是因为中国人喜欢置身于天地自然之中，这是天地意识和生命情怀的显现。

　　以上对于中国传统建筑和造物中"天人合一"之情的阐述，归纳起来为以下几点：法天象地、占天卜地、融天入地、移天缩地和收天纳地（表2-4）。

---

① 叶朗. 中国美学史大纲[M]. 上海：上海人民出版社，1987.

表2-4 "天人合一"之情的体现分析

显现	表现手法	记载	应用案例
法天象地	法、象	相土尝水,象天法地,造筑大城,周回四十七里。陆门八,以象天八风。水门八,以法地八聪	始皇陵;汉代宫苑
占天卜地	占、卜	堪舆,天地总名也	古代徽州村落、建邺城;城镇、村庄
融天入地	融、入	柏梁殿灾后,越巫言海中有鱼,虬尾似鸥,激浪即降雨,遂作其象于屋,以厌火祥	福建的圆楼、傣族的竹楼、藏族的碉楼、湘西的吊脚楼、北京圆明园;中式家具
移天缩地	移、缩	营建章、凤阙、神明……象海水周流方丈、瀛洲、蓬莱	建筑:园林;器物:葫芦瓶、石榴尊、南瓜壶、竹节壶
收天纳地	收、纳	轩楹高爽,窗户虚邻,纳千顷之汪洋,收四时之烂漫	建筑及园林空间的处理

　　古人将宇宙看作一个大系统,天—地—人是一个有序的整体,在这个系统中,人类社会为等级分明、管理严密的管理系统。人是宇宙系统的一部分,也是万物的主人,因而在"天—地—人"这个系统中,人处于主导地位。总的来说,"天—地—人"是一个以人为中心、人与天地相通融的关系系统。

第四节 "情"对于造物

一、人类情感的分类

人类的情感复杂多样，可以从不同的观察角度进行分类。由于情感的核心内容体现在价值上，人类情感就应该根据它所体现的价值关系的不同特点进行分类。

第一，根据价值的正、负方向的不同，可分为正向情感与负向情感。正向情感是人对正向价值的增加或负向价值的减少所产生的情感，如愉快、信任、感激、庆幸等；负向情感是人对正向价值的减少或负向价值的增加所产生的情感，如痛苦、鄙视、仇恨、嫉妒等。

第二，根据价值的强度和持续时间的不同，情感可分为心境、热情与激情。心境是指强度较低但持续时间较长的情感，它是一种微弱、平静而持久的情感，如绵绵柔情、闷闷不乐、耿耿于怀等；热情是指强度较高但持续时间较短的情感，它是一种强有力的、稳定而深厚的情感，如兴高采烈、欢欣鼓舞、孜孜不倦等；激情是指强度很高但持续时间很短的情感，它是一种猛烈的、迅速爆发的、短暂的情感，如狂喜、愤怒、恐惧、绝望等。

第三，根据价值的主导变量的不同，情感可分为欲望、情绪与感情。当主导变量是人的品质特性时，人对事物所产生的情感就是欲望；当主导变量是环境的品质特性时，人对事物所产生的情感就是情绪；当主导变量是事物的品质特性时，人对事物所产生的情感就是感情。例如，脏、乱、差的工作环境使人产生不愉快的情绪；那些清正廉洁、全心全意为人民工作的领导干部会引发人的尊敬与爱戴的感情,那些贪污腐化、以权谋私的领导干部会引发人的仇视与嘲笑的感情;当机体缺乏食物时,人就会产生饥饿的心理体验,并形成对于食物的欲望;当儿童成长发育到一定阶段,就会自发地产生对于"独立"的欲望。

第四,根据价值主体的类型的不同,情感可分为个人情感、集体情感和社会情感。个人情感是指个人对事物所产生的情感;集体情感是指集体成员对事物所产生的合成情感,阶级情感是一种典型的集体情感;社会情感是指社会成员对事物所产生的合成情感,民族情感是一种典型的社会情感。

第五,根据事物基本价值类型的不同,情感可分为真感、善感和美感三种。真感是人对思维性事物(如知识、思维方式等)所产生的情感;善感是人对行为性事物(如行为、行为规范等)所产生的情感;美感是人对生理性事物(如生活资料、生产资料等)所产生的情感。

第六,根据价值的目标指向的不同,情感可分为对物情感、对人情感、对己情感和对特殊事物情感等四大类。对物情感包括喜欢、厌烦等;对人情感包括仇恨、嫉妒、爱戴等;对己情感包括自卑感、自豪感等;对特殊事物情感包括对某种特定的事或物产生的激动、悲痛等。

第七,根据价值的作用时期的不同,情感可分为追溯情感、现实情感和期望情感。追溯情感是指人对过去事物的情感,包括遗憾、庆幸、怀念等;现实情感是指人对现实事物的情感;期望情感是指人对未来事物的情感,包括自信、信任、绝望、期待等。

第八,根据价值的动态变化的特点,可分为确定性情感、概率性情感。确定性情感是指人对价值确定性事物的情感;概率性情感是指人对价值不确定性事物的情感,包括迷茫感、神秘感等。

第九,根据价值的层次的不同,情感可分为温饱类、安全与健康类、人尊与自尊类和自我实现类情感四大类。温饱类情感包括酸、甜、苦、辣、热、冷、饿、渴、疼、痒、闷等；安全与健康类情感包括舒适感、安逸感、快活感、恐惧感、担心感、不安感等；人尊与自尊类情感包括自信感、自爱感、自豪感、友善感、思念感、自责感、孤独感、受骗感和受辱感等；自我实现类情感包括抱负感、使命感、成就感、超越感、失落感、受挫感、沉沦感等。

二、情感的自我主观性与造物

由于意识产生的内在性决定了情感的形成是站在生命个体自我的角度对客观事物的心理或生理性反应，它表达的是生命个体或情感主人的欲求、愿望、态度或处理问题方法的主观思维，因为任何生物个体的情感是由生命个体本原的属性决定的，你无论怎样理解或了解别人，永远无法站在作为生命个体自我的角度表达别人的最本原的心理欲望或对客观事物的态度，哪怕人类社会进入高度文明状态，你可以和他人进行换位思考，依然只是依据客观事物而做出认为他人也可能会这样想的假定，而永远不可能实现你完美地代表了他人或他人完全代表你的情感与意识。

任何一个生命个体与客观世界的所有事物发生关系时，作为生物性本能的自我满足，总盼望实现自我欲望的最大化，显然在自我感觉的幸福程度就尽可能达到无限幸福。因而在人类自我意识可体验的情感世界里，实现所有自己能够想象到的欲望、幸福、痛苦、理性状态等是每个生命个体所要求的。这样，我们就可以理解，任何自然的个人如果控制着权力，在没有权力制约的情况下，他（她）可以将情感需求发挥到极致，而且永远不会有自我满足的感觉；当一个人一旦拥有幸福的时候，他（她）在潜意识里想告诉所有的人——让他人知道自己的幸福；而一个人绝望的时候，极端的手段是选择死亡——实现自我对痛苦的自我满足。

对于造物而言，个人需求的主观性，决定了生命个体自我满足表现的主观性。需求本身的产生源于生命个体对所感知事物的经验，经验本身是需求主体凭自我的认知能力、了解程度、习惯性思维（或处理办法）等而做出的主观反应，因而需求和情感的产生不一定是完全对客观事物本质认知后的结果，往往是站在主体个人自我主观角度做出的，自以为正确或只有这样才能满足自我需要而推论出的或强制性的心理状态。因此，我们可以推断，人类对物质的欲望和以造物满足欲望永远是一对矛盾，而且这对矛盾是在不断产生并需要不断地解决的。

三、情的产生需要外因诱发性与造物

根据人类学家的研究，信息储存在丘脑里。只有当客观环境或客观事物显现于大脑时，才能诱发丘脑产生意识并将之传送到大脑的前额皮层，进行理性分析和情感控制，此后才得出对外界事物肯定或否定、爱与恨、悲伤与欢愉、愤怒与高兴以及恐惧、厌恶、希望等不同状态、不同程度的心理反应，因而哪怕一件相同的事物，对不同的情感主体的诱发程度不同，产生的情感状态和意识的结果则千差万别。比如人类爱的情感产生，不同的人对同一事物或同一个人，无论保持多么公正和客观的态度，必将产生不同的讨厌或喜欢和不同的爱的体验与情的体验，而每个生命个体对事或物之所以产生讨厌、喜欢、爱的情感，必然有其产生这种情感的理由，这个理由便是情感的可诱发性——由于客观事物的属性或信息，引起了生命个体情感的习惯性产生或情感共鸣。

造物是以满足人类的需求为目的的，而需求本身也是受到外因的诱发产生的，正如前面所说的千差万别，这样就造成人对物的需求程度有着巨大的差异性。需求的差异性是对造物中"理"的限制因素，而从造物的角度，用辩证的眼光看待这个问题，差异性也促使了造物的丰富性。

四、情的不确定性与造物

在人类情感产生的所有要素里面，没有一个要素可以用数学或物理学标量的参数值表达，因为，当与客观事物发生关系时，意识的产生及情感的结果取决于当事人自我的情感控制能力、关联事物与当事者关联的程度及当事者对事物的预见、对事物的处理能力等诸多方面的因素。因而，对于任何一件客观存在的事物，不同的人从不同的角度以不同的处理方法都决定了不同的情感需求结果。

比如，需求欲望是生物意志中最本原性且永恒的生物属性，但是对于实现欲望的强烈程度因生命个体的不同有着本质的差别。仅就人类对物的需求而言，物是人类生命个体占有社会群体财富的实质内容，是人类生存的条件之一，但是反映在个体上需求则会明显不同，而且往往不同的人有不同的物的需求，同一个人在不同的年龄阶段或处在不同环境中也有不同的对物的情感的表现，永远无法设定人们对物的欲求的参考值。什么状态是满足？什么状态是不满足？对于造物来说，这是一个难以解答的问题。

五、情传承的文化性与造物

中国传统文化以处理人与人、人与社会的关系为中心，形成以人文文化为主的整体格局，有着浓厚的泛伦理、泛政治的特征，也有着浓厚的泛情感、泛艺术的色彩，"学而优则仕"的观念与科举考试选拔官员的制度相结合，崇尚个体人格修养、道德实践和社会文化教化的传统相结合，使为情感世界导向的人文学科在中国发展兴盛。文化阶层与官僚阶层的一体化一方面制约着文化的自由发展，另一方面也使文人参政成为中国传统，文艺直接对社会道德、政治发生作用。情感变迁（人心所向）和文化革新、艺术革命往往是社会变革的前奏，因而统治者对思想文化领域的控制也格外严格，秦始皇焚书坑儒，汉代罢黜百家、独尊儒术，科举考试册定四书五经为经典，将天下读书人套入经学模式，清代大兴文字狱等，以天下为己任、社会责任感很强的中国文化人士也确实成为历次社会重大变革的先锋，艺术体现民风、民心、民情，思想、文艺领域中的根本性突破往往直接成为革命的导火索，这在以摹仿论和游戏说为基础的西方艺术观看来似乎匪夷所思，但在东方文化体系中却具有代表性。我国魏晋时期的"越名教任自然"的思想，明清之际的启蒙思潮，均以强烈的人文激情冲击僵化的封建政治体系，影响相当大。

从以上分析可以看出，情感在中国文化体系中占据重要地位，甚至可在传统心性论、情性论的基础上提升到情感本体论的高度，我国近代学者梁启超（1873—1929年）提出："天下最神圣的莫过于情感。用理解来引导人，顶多能叫人知道那件事应该做，那件事情怎样做法，却是被引导的人到底去做不去做，没有什么关系，有时所知的越发多，所做的倒越发少。用情感来激发人，好像磁力吸铁一般，有多大分量的磁，便引多大分量的铁，丝毫容不得躲闪。所以情感这样东西，可以说是一种催眠术，是人类一切动作的原动力。情的性质是本能的，但他的力量，能引人到超本能的境界；情感的性质是现在的，但他的力量，能引人到超现在的境界。我们想入到生命之奥，把我的思想行为和我的生命迸合为一，把我的生命和宇宙和众生迸合为一，除却通过情感这一个关门，别无他路。所以情感是宇宙间一种大秘密。"①蔡元培有"以美育代宗教"之说，主张通过美感教育使现实世界和精神达到和谐。梁漱溟倡导"尚情无我"的伦理观，幻想通过乡村建设，建立伦理情谊本位的社会，这还是较保守的文化改革方案。朱谦之更提出"唯情哲学"，认为真情为万物根底，是宇宙的根本原理，真理就是一点点真情，需通过"兼知行，合内外"，通过直觉"默识生命本体"，达到物我合一的境界方可悟到；他还提出唯情论的人生观，提倡儒家的性善说、复性说，认为人生奋斗的目标在于复情，而情即是性，真我无我，人可通过爱心扩充获得自我解放。

当代学者李泽厚具体分析了中国文化，指出儒家赋予无情之宇宙以"活"（生命）的反情感的意义，"即给予整个宇宙自然以温暖的、肯定的人的情爱性质，来支撑'人活着'。从而，它不是抽象的思辨理性，不是非理性的宗教盲从，而是理欲交融的实用理性和乐感文化，是一首情感的诗篇"。②儒家"有情的宇宙观"与道家"无情的辩证法"相对应，"一仁一智，儒道互补"，形成中国文化的基本结构。他还提出建设主体哲学及心理本体论、情感本体论、人类学文化本体论等，可以说是在中国传统文化基础上，受康德以来的现当代西方哲学的影响，对当代（主要是工业社会成熟期）面临的精神危机提出的理论解决路径，对我们的情感理论建设有一定的启发。

当然除上述基本属性外，情感还具有体验程度、表达方式、表达程度、情感价值等诸多属性，它们都和造物有着直接的关联。它们不一定是

① 梁启超. 大家国学·梁启超卷[M]. 天津：天津人民出版社，2008.
② 李泽厚. 李泽厚哲学文存（下篇）[M]. 合肥：安徽文艺出版社，1999.

所有情感的共性，但它们仍将在不同的造物文化或社会文明里及不同的情感主体上存在着。

六、造物中"情"的定义

人类的"情"复杂多样，哪些"情"与本研究有关？其实，在题目中就已经对"情"作了界定——即造物之"情"。把握造物中"情"的定义，就要从情发生的主体"人"来分析。造物的目的是为人所用，为人提供所需要的使用功能，而人的情感因素也直接影响和制约着造物的过程和结果。

本书的造物中"情"的定义在以下几个方面：第一，人的生理因素，不同年龄、性别的人的生理因素，包括因地域差异、气候差异、环境差异造成的不同的人的生理因素；第二，人的心理因素，即人的意识和行为的中介，不同年龄、性别的人的心理因素，这里同样也包括地域差异、气候差异、环境差异和民族差异、文化差异造成的不同的人的心理因素；第三，由社会、文化、宗教等因素引发的对物的审美情感、价值认同等；第四，造物过程中，不同条件引发的人的生理和心理感受。总之，情在本书中定义为以人为系统中心，以人适应自然发展、社会发展为目的的造物系统中人的因素。

第五节　造物之"理"

一、"理"的含义溯源

首先，让我们看看《辞海》是怎么解释汉字"理"的，第一种解释为治玉。《韩非子·和氏》："王乃使玉人理其璞。"引申为整治、治平。如：修理；理发；理财。《汉书·循吏传序》："庶民所以安其田里，而亡叹息愁恨之心者，政平讼理也"。第二种解释为玉石的纹路，引申为物的纹理或事的条理。如：木理、肌理。《荀子·正名》："形体色理，以目异。"杨倞注："理，文理也。"又《儒效》："井井兮其有理也。"杨倞注："理，有条理也。"第三种解释为道理。如：理直气壮。《孟子·告子上》："故理义之悦我心，犹刍豢之悦我口。"第四种解释是中国哲学概念，通常指条理，准则。如韩非认为，"理者，成物之文也"，"理"为事物的特殊规律，和普遍规律的"道"有区别。程朱理学家认为"未有天地之先，毕竟也只有理，有此理，便有此天地"（《朱子语类》）。他们所说的"理"实际上是指封建伦理纲常。通常对"理"的解释是：物质本身的纹路、层次，客观事物本身的次序，如心理、肌理、条理、事理；事物的规律，是非得失的标准、根据，如理由、理性、理智、理论、理喻、理解、理想、道理；从自然科学角度讲，有时特指"物理学"，如理科、数理化；从制造角度来讲，指按事物本身的规律或依据一定的标准对事物进行加工、处置，如理财、理事、管理、自理、修理；从社会人与人交往的角度来看，指对别人的言行做出反应，如理睬、搭理；"理"古代还指狱官、法官。

本书中"理"应该是指事物的规律，是非得失的标准、根据；从造物角度来讲，"理"是指按事物本身的规律或依据一定的标准对事物进行加工、处置。

二、反映在中国传统造物及史料中的"理"

（一）《考工记》中的造物之"理"

《考工记》[①]记述了我国先秦时期的许多重大科技成就，涉及范围有传统手工艺，如礼器、兵器、乐器、玉器、生活用器、生产运输工具、建筑等工种，涵盖了生产、销售、管理及工艺美术规范和技术，在中国造物文化乃至世界文化史上都占有重要地位。尤其是书中提及的"天有时，地有气，材有美，工有巧，合此四者，然后可以为良"的先进的造物思想，对现代设计仍有积极的指导意义与价值。

1.《考工记》中的规范与制度之"理"

《考工记》作为官营手工业的技术规则和工艺规范，其造物规范遵循严明的"以礼定制、尊礼用器"之礼器制度。我们知道，远古歌舞图腾、礼仪巫术进一步完备与分化，至殷周鼎革之际，周公旦据此"制礼作乐"，系统建立起一整套"礼乐治国"的固定制度，确定了以"嫡长制、分封制、祭祀制"为核心的礼制法规，这在中国历史上具有划时代的意义

---

① 《考工记》，又名《冬官考工记》，是我国现存最早的手工艺技术专著，成书于先秦时期。汉代又对其进行整理和编校，并作为儒家经典文籍之一，收入《十三经》的《周礼》（即《周官》）之中。

（表2-5）。

表2-5　以礼定制、尊礼用器的经典记载

文献	论述
《礼记》	故治国不以礼，犹无耜而耕也。礼也者，犹体也。体不备，君子谓之不成人。 是故先王之制礼乐也，非以极口腹耳目之欲也，将以教民平好恶，而反人道之正也。 五行以为质，礼义以为器……礼义以为器。故事行有考也。礼器，是故大备；大备，盛德也
《左传·昭公二十五年》	夫礼，天之经也，地之义也，民之行也。天地之经，而民实则之，则天之明，因地之性，生其六气，用其五行，气为五味，发为五色，章为五声，淫则昏乱，民失其性。是故为礼以奉之
《周礼·春官宗伯》	以玉作六瑞，以等邦国
《周礼·天官冢宰》	惟王建国，辩方正位，体国经野，设官分职，以为民极
《诗经·大雅朴》	追琢其章，金玉其相，勉勉我王，纲纪四方

可见"礼"作为我国古代社会从祭祀到起居，从军事政治到文化艺术及日常生活的礼仪制度的总称，其主要目的就在于"明尊卑，别上下"，从而维护等级森严的统治秩序及社会的稳定。在我国古代设计史上，"以礼定制、尊礼用器"的礼器风尚由来已久：据传上古时期，帝王虞舜与其继承人禹讨论治国安民之道时，就曾郑重吩咐禹替他制作礼服，并将礼服的纹饰图案、装饰色彩等规格严明地制定出来，舜以"日、月、山、星辰、龙"等"十二章"作为帝王礼服的固定纹样，并将礼服设计与"左右有民、宣力四方"之江山社稷相提并论，反映了古人的"天道观"及试图在人类设计领域发现宇宙秩序并由此建立起社会礼仪法规的尝试。

《礼记》中对"礼器"的阐释表明了据"考之行事"（礼）制造出来的具体事物（器），其目的是诠释"德"这一社会的、伦理的和政治的综合观念。在"礼→器→德"这一循环过程中，"器"作为物质的实现手段处于传承关系的中心，由此，我国古代社会通过设计行为而实现治国构想的目标清晰明确地显露出来。

综上所述，可知我国古代之建筑营造、服装佩饰等手工业设计及至各门类设计的装饰纹样、色彩搭配都充满了庄严而神圣的意味。《考工记》作为一部记述三十余种手工艺设计的技术文献，也被纳入体国经野的儒家经典《周礼》之中，其各工种的设计制作都打上了鲜明的礼制色彩。

《考工记·玉人》："镇圭尺有二寸，天子守之；命圭九寸，谓之桓圭，公守之。命圭七寸，谓之信圭，侯守之；命圭七寸，谓之躬圭，伯守之。"所谓"命圭"，就是周王所命之圭，给各级官员在朝见时使用，并以不同的尺寸等形式上的差异反映不同的身份等级。《考工记》又载："天子用全"，即天子所持礼玉由毫无杂质的纯玉制成；"上公用龙"，上公用四玉一石；"侯用瓒"，侯用三玉二石；"伯用将"，伯则用玉石各半质地更不纯的玉器。"玉"因其冰清玉洁的质地而受人推崇：古人"以玉作六瑞，以等邦国"，君子"以玉比德"。玉的自然属性被人格化，成为财富、权力、道德的象征，并用以沟通神灵、祭祀天地。《考工记》中不同的制玉标准则显示了浓厚的伦理等级观念。如"弓氏为弓"篇论及制弓的弧度："为天子之弓，合九而成规。为诸侯之弓，合七而成规。大夫之弓，合五而成规。士之弓，合三而成规。""成规"指的是用几只弓可围成一个整圆，而"九、七、五、三"不同的弧度表明了用弓的形制与等级相对应。

笔者认为，《考工记》中诸多的制器规则，反映出我国古代手工艺制造中独特的"遵礼定制，纳礼于器"的造物思想，即造物之"理"中体现出情感意识。

2.《考工记》中的专业分工及工艺规范之"理"

　　《考工记》开篇即强调传统手工艺设计者——"百工"的重要性："国有六职，百工与居一焉……知者创物，巧者述之守之，世谓之工。百工之事，皆圣人之作也。烁金以为刃，凝土以为器，作车以行陆，作舟以行水，此皆圣人之所作也。"明确指出百工是国家六种分工（王公、士大夫、百工、商旅、农夫、妇功）之一。百工的各项工作，都属于"圣人之作"，并且这些优秀的设计文明都是由"知者创物"，即由有智慧的人做的，再经"巧者述之守之"加以传承和推广。

　　《考工记》记载了六大门类的三十个工种（实阙佚七项）的手工艺技术，即：攻木之工七种，攻金之工六种，攻皮之工五种，设色之工五种，刮摩之工五种，抟埴之工两种。除上述这些专业分工外，书中还列举了各种交叉或更精细的分工：如梓人为饮器，梓人为侯；车人为耒，车人为舟。有时一物又分数工，如"造车"有：轮人为轮，轮人为盖，舆人为车，车人为车等。《考工记》所载这些工种几乎涵盖了古代手工制作业的所有门类，并且不仅有细致分工，还有技术协作，分工有利于磨炼百工的专业技能，协作则突出了群体的智慧与力量，提高了生产效率，可满足社会大批量生产需要，这在当时世界制造业中都是先进的行之有效的生产制度。

　　所谓"模数"即运用于设计中的尺度和比例，它是按某一特定比例关系和规律组成的数系，含有度量衡的标准意义，从《考工记》里我们可以看到这一标准化、模数化的生产制度在手工艺设计中无处不在：

　　《考工记》以规范而统一的方式标示出产品及部件的名称用语（表2-6）。这些名称精确具体，不可随意变更。正是中国古人对造物规律和程序的总结和归纳，使我国成为世界上最早并真正在制造领域实现"标准化"和"模数化"生产的国家。

表2-6 《考工记》对礼器名称用语的规范记载的案例

礼器	名称
玉圭	天子守之谓"镇圭";公守之谓"桓圭";侯守之谓"信圭";伯守之谓"躬圭";祀天之谓"四圭";致日之谓"土圭";聘女之谓"谷圭"
凫氏为钟	两栾谓之"铣",铣间谓之"于",于上谓之"鼓",鼓上谓之"钲",钲上谓之"舞",舞上谓之"甬",甬上谓之"衡",钟县谓之"旋",旋虫谓之"干"

古代工匠按照青铜器设计功能的不同要求,确定了铜、锡调配的最优比例方案,这是世界上最早的青铜合金配制法则,也是我国古代冶金工艺取得辉煌成就的重要依据。

"匠人营国"篇不仅规定了先秦建筑中通行的以标准化实物(如:几、筵、寻、步、轨等)作度量单位,还规定了王城的营建制度,其中"左祖右社,面朝后市"的王城布局模式更成为后世历代都城亘古不变的营造法式。表2-7所示为《考工记》对工艺规范及标准的记载。

表2-7 《考工记》对工艺规范及标准的记载

工艺规范	标准叙述
金有六齐	金有六齐:六分其金而锡居一,谓之钟鼎之齐;五分其金而锡居一,谓之斧斤之齐;四分其金而锡居一,谓之戈戟之齐;三分其金而锡居一,谓之大刃之齐;五分其金而锡居二,谓之削杀矢之齐;金锡半,谓之鉴燧之齐
王城建筑标准	营国,方九里,旁三门。国中九经九纬,经涂九轨。左祖右社,面朝后市……室中度以几,堂中度以筵,宫中度以寻,野度以步,涂度以轨

标准化、模数化的制作规范除了运用于《考工记》中各项手工艺的制作生产方面,还被运用到产品的检验方面:如"轮人为轮",只有达到"可规、可萭、可水、可县、可量、可权"的标准才算优质产品,轮人还

可凭此技术评为"国工"，即国家级高级工匠。"梓人为饮器，乡衡而实不尽，梓师罪之。"强调梓人制酒器都要经检测验收。若酒器不合规格（即平爵向口而尚有余酒）制造者都会受到工官"梓师"处罚。

《考工记》中记载的上述手工艺种类及设计规范证明了2000多年前我国传统手工艺设计已有了细致具体的行业分工，建立了合理完善的管理体制，制定了模数化、标准化的生产模式，还提出了严格规范的质检标准。这其中"圆者中规，方者中矩，立者中悬，衡者中水"的工艺规范千百年来仍被人们沿用。

3. "天时地气材美工巧"之造物理念

"天有时，地有气，材有美，工有巧，合此四者，然后可以为良。"《考工记》中的这一段叙述，可以看出最早的关于地缘时尚特征的论述。

材料的品质，加上精湛的工艺，向来是人们衡量器物品质高低的主要依据。即便当今，这样的观念依然是有效的。但是，早在2000多年前，先人们就提出：成功的造物，还需要顾及时机与地缘文化。在当今的设计领域，将时机作为造物时尚的核心元素是近代以来的事；而将地缘文化（产品的属地文化特征）作为造物设计的核心，则是今天的事。即便是在产品制造标准化，在时尚成为设计目标的时候，在经济全球化的今天，人们才意识到"天时"与"地气"可以作为设计的前沿方向加以运用。对于历史的研究，其实并不是为了证明什么，而是为了揭示在这一思想的背后，蕴藏着由来已久的关于设计学科的一个一贯的思想：这就是变化，对地属文化、地理、气候、习俗等地缘因素的关注，体现的是一种客观的科学态度，一种对各地不同民族与文化的尊重，一种造物设计与使用者的生活关联的理念，一种在具体的时间、空间的交汇点上的人与周围的和谐的观念。

由于地域、气候、地缘文化等原因，同一件物品在各地表现出的则是"各随其宜"。各随其宜，在具体的造物中，往往也就是产品特征、个性的渊源；是一种对既有经验与规范实施超越于突破的客观力量。因为在"各随其宜"的现象背后，指称的是灵活运用，随机应变的智慧与勇气。

（二）《天工开物》的造物思想

《天工开物》[①]初刊于1637年（明崇祯十年），是中国古代一部综合性的科学技术著作，记载了明代中期以前大量的工艺技术，有人称它是一部百科全书式的著作，作者是明朝科学家宋应星[②]。外国学者称它为"中国17世纪的工艺百科全书"。"天工开物"一词是借用《尚书·皋陶谟》中的"天工人其代之"及《易·系辞》中的"开物成务"。"天工"即自然规律，"开物"乃"开道释物"。"天工开物"思想强调人与自然界相协调，人力与自然力相配合，通过技术从自然界中开发出有用之物，

①《天工开物》详细叙述了各种农作物和工业原料的种类、产地、生产技术和工艺装备，以及一些生产组织经验，既有大量确切的数据，又绘制了一百二十三幅插图。全书分上、中、下三卷，又细分为十八卷。上卷记载了谷物豆麻的栽培和加工方法，蚕丝棉苎的纺织和染色技术，以及制盐、制糖工艺。中卷内容包括砖瓦、陶瓷的制作，车船的建造，金属的铸锻，煤炭、石灰、硫黄、白矾的开采和烧制，以及榨油、造纸方法等。下卷记述金属矿物的开采和冶炼，兵器的制造，颜料、酒曲的生产，以及珠玉的采集加工等。

② 宋应星（1587—1661），字长庚，江西奉新人。明末清初科学家。万历四十三年（1615年），他考中举人。但以后五次进京会试均告失败。崇祯七年（1634年）出任江西分宜县教谕（县学的教官）。这个时期，他编著了《天工开物》一书，在崇祯十年（1637年）刊行。稍后，他又出任福州汀州（今福建省长汀县）推官、亳州（今安徽省亳州）知府，大约在清顺治年间（1661年前后）去世。宋应星一生讲求实学，反对士大夫轻视生产的态度。宋应星还著有《卮言十种》《画音归正》《杂色文》《原耗》等著作，多已失传。近年来，在江西省发现了宋应星四篇佚著的明刻本：《野议》《论气》《谈天》和《思怜诗》。

其思想内涵在于，自然界蕴藏着取之不尽用之不竭的适用的有益之物，但不会从天而降、轻易取得，而是需要人们去发掘，须施以自然界之力——水、火，结合人力和技术——金属、木石工具开发而来，为人所用。"天工开物"思想强调人类的技术要顺应自然规律、造物应当立足民生，表达了适用和实用的造物理念，具有丰富的设计文化内涵。

宋应星是世界上第一个科学地论述锌和铜锌合金（黄铜）的科学家，其著作具有珍贵的历史价值和科学价值。如在"五金"卷中，明确指出锌是一种新金属，并且首次记载了它的冶炼方法。这是我国古代金属冶炼史上的重要成就之一。宋应星记载的用金属锌代替锌化合物（炉甘石）炼制黄铜的方法，是人类历史上用铜和锌两种金属配合熔炼而得黄铜的最早记录。

从造物设计的角度看，《天工开物》有两点值得我们关注：第一，重视民生日用品功能的设计，体现了人文关怀的情感色彩，是对《考工记》造物思想的延续。第二，在技术上强调法、巧、器的结合，即加工方法、生产者的操作技术与制作设备的相结合，这个制作方法实际上是"天人合一""天时、地利、人和"思想在实际生产中的运用。《天工开物》强调从自然界中开发有用之物，反对毫无节制的恣意掠夺，这对于人类物质生活极大丰富和自然资源日益匮乏的今天是很好的启迪。

（三）"老庄哲学"思想中显现的造物之"理"

1.技进乎道之"理"

老庄哲学是中华文化的瑰宝。《道德经》说："人法地，地法天，天法道，道法自然。"老子以为自然是人、地、天、道的规范。《道德经》说："圣人处无为之事，行不言之教，万物作焉而不辞。生而不有，为而不恃，功成而弗居。夫唯弗居，是以不去。"又说："天下万物生于有，有生于无。"老子以为"无"是宇宙里的最高境界。因此他主张无为、无欲、无私、无我，主张处弱居下，主张返璞归真，主张致虚极、守静笃、归根复命，回到人类原来的根源和本性。庄子师承老子思想而加以发扬光大。庄子的哲学思想在造物中体现在中国重要道家学说著作《庄子》中，该书的核心内容是对人的生存本体论的探讨，对造物少有全面和专门的论述，但我们仍可以从其散见它的造物观（表2-8）。

表2-8 对"老庄哲学"思想"技进乎道"技术的分析

技术之意	文献描述	理解
作为求真之径的身体技术	庖丁为文惠君解牛……莫不中音，合于《桑林》之舞，乃中《经首》之会。文惠君曰："嘻，善哉！技盖至此乎？"庖丁释刀对曰："臣之所好者，道也，进乎技矣。始臣之解牛时，所见无非全牛者；三年之后，未尝见全牛也；方今之时，臣以神遇而不以目视，官知止而神欲行。依乎天理……提刀而立，为之四顾，为之踌躇满志，善刀而藏之。"文惠君曰："善哉！吾闻庖丁之言，得养生焉。"	通过身体所得到的真，比通过言语或概念得到的真更真，因为借助概念将物作为对象来描述，它已经从两方面对物进行了歪曲，首先是回忆的歪曲，其次是概念描述的歪曲。经过概念得出的事实已经是在回忆中再造出来的事实，而不是事实本身。事实本身只能在直接感知中出场，正是在这种意义上，杜夫海纳说：人与世界的符合是一种肉身的符合。[①]我们将通过身体得到的真称为"前真"，而前真的世界正是艺术要呈现的世界

① [法]米·杜夫海纳. 审美经验现象学[M]. 韩树站，译. 北京：文化艺术出版社，1996.

续表2-8

技术之意	文献描述	理解
作为游戏的身体技术	夫得是至美至乐也。得至美而游乎至乐，谓之至人。浮游，不知所求；猖狂，不知所往。提刀而立，为之四顾，为之踌躇满志	游戏性也是庄子所说的身体技术的重要特征。进乎道的身体技艺的目的不在技艺之外，而正是技术本身。捶钩者以毕生精力进行捶制钩带的工作，对钩带之外的事漠不关心；庖丁完成自身的作业，远比任何事物更能获得心理满足。如此看来，这种劳动是快乐的，是"游戏"。在这种追求"进乎道"的境界里，技术没有被理解成工具，而是一种全身心的愉悦过程，或者说这里技术活动本身就是无目的的目的

上表中分析"老庄哲学"对技术的解释是"得之于手而应于心"的手工，是身体的技术，是一种境界。《庄子》所崇尚的是审美的身体技术，庖丁解牛之时，其动作"莫不中音，合于《桑林》之舞，乃中《经首》之会"。庄子认为高超的身体技术可以达到一种审美的境界。

游戏或者审美是《庄子》提出的待物抑或对人生的一种态度，正是通过它，人得以避免外物对自身的损害，从而保存完整而独立的个体。作为游戏的身体技术将人带到了一个彻底的自给自足的世界，通过身体最直接、最真实的体验，使人真正还原到与世界最亲近的关系。也只有通过身体与物无遮蔽的接触，事物才能以其最本真的状态显现出来，艺术创作者才能更真实地把握对象，从而创作出更好的艺术作品。

至此，我们看到《庄子》所赞扬的技术是一种审美的技术，同时也是审美的行为方式和人生境界，通过它维系我们与世界的联系，保持个体的独立完整，实现生命的意义，这正是人的本质需求。

2.《庄子》对物的理解

《庄子》中对物的态度的表述有很多，虽然《庄子》认识到了外物内化于心造成的对心性的伤害，但还是提出了正确对待外物的观点。如："物物而不物于物"，"物而不物，故能物物"，"处物不伤物，不伤物者，物亦不能伤也"，阐述了在不为物所异化的条件下正确地使用物。

　　"贱而不可不任者，物也"，"顺物自然"，"爱人利物"，"泛爱万物"，"物物者与物无际"，"与物有宜而莫知其极"，这里《庄子》指出物虽然低贱，却不可不任从，应随物所在，顺应万物，亲近万物，隐含了对物本身即材料的尊重。

　　而"与物为春，是接而生时于心者也"，是说随顺万物，同春天一样朝气蓬勃，这样便会接触外物而萌生顺应四时的感情，体现了对环境因素的考虑。

　　3.技与物、环境、人文的结合

　　在《天地篇》中庄子说道："能有所艺者，技也。技兼于事，事兼于义，义兼于德，德兼于道，道兼于天。"技与事要相结合，说明技术要因材制宜、因具体用途制宜；技与义、德、道应该相通，则表明技术应充分考虑人的伦理、道德和情感；技术与天应相通又阐明了技术的应用应充分结合环境因素。这对于现代人面临的技术与人文、环境之间的矛盾来说都有重要意义。

第六节　"理"与造物

　　中华文明有着数千年未曾间断的造物文明史，其间凝结的造物理念和造物思想，不仅指导了历史上的造物设计，同样对现代的中国设计有着深刻的启迪。

一、理的必然性与造物

造物之"理"是技术方法（操作的规则、技艺等）和器具（包括工具、设备）的总和，也指人的合理、有效的造物理念。埃吕尔说：技术是合理有效活动的总和，是在一切人类活动的领域中通过理性得到的，具有绝对有效性的各种方法的整体。海德格尔曾对技术的解释作了一个归纳，并抽象出它们共同的两个基本观点：其一，技术是合目的的工具和手段；其二，技术是人的（理性）行为，因此他直接将这些技术定义为工具性或人类学的技术。

所谓技术（理）的必然性，就是技术在自然和社会历史的客观进程中，所展现的人与自然世界关系的状态、趋势，以及这个关系演变的普遍性。它贴近人的生存与活动状态，它不是人的主观理性支配的结果和价值旨趣，而是指人类文明技术化的客观性、历史性过程。

造物中"理"的必然性的具体展现，可以从技术存在的必然性来把握。技术必然性体现在"技术是作为人类生存方式而存在的"这一点。柳冠中先生在《事理学论纲》中讲道，设计是以一定的目的，一定的方式来达到与客观条件和内部关系相适应的人为适应性系统。这个目的是协助人适应生存的需要，这与人类最初的生存状态和一切生命是一样的。但是自然并没有特别恩赐更多的食物以提供人类生存，生理结构上，人类没有天生的利爪、獠牙，也没有攀岩、飞跃的能力，所以人类从一开始就需要依靠制造和使用工具，在改造自然的过程中创造适合于自己的生存环境。因此制造和使用工具的技术活动，如同动物的本能，也是与人的自然生命相随相序，"与生俱来"。因此人类生命存在的必然活动决定了技术的必然性。

二、理的合理性与造物

有哲学家指出，合理性就是使个人效用达到最大的行为；另一些哲学家指出，合理性就是那些我们有充足理由相信为真的（或至少可能为真）的命题并按照这些命题行动；还有些哲学家暗示合理性随成本—效益分析而变；也有哲学家声称合理性只不过是提出能予以反驳的陈述。[①]《牛津哲学指南》认为，合理性是"认知者基于合适的理由采纳信念时所展示的一种特性"。[②]所谓"合适的理由"可以有非常多解释，而什么样的理由是合适的，根据不同的标准会有不同的回答。有的把合理性定义为"依据逻辑规则和经验知识所意识到的思想和行为，其目的一贯、互不冲突并由最恰当的方法取得"。[③]

社会与自然环境是复杂多变的，造物是一种适应复杂环境的行为，要考虑各种因素。它涉及造物者直观与理性的判断，应用正确的造物理念、技术手段，配合材料、技术、工艺是最基本的要求，甚至还包括防止环境污染和非再生资源的滥用等问题的考虑，做到有的放矢，才能使造的"物"达到适应复杂环境使用要求，这就决定了这个造物之"理"的合理属性。

在复杂的社会中，这个"理"的合理性是很难确定的，系统论的创立为我们提供了一种好的思路和方法：第一，整体优化，从目的性和系统优

---

① [美]拉瑞·劳丹. 进步及其问题[M]. 刘新民，译. 北京：华夏出版社，1999.

② HONDERRICH T. The Oxford Companion to Philosophy[M]. Oxford：Oxford University Press，1995.

③ MITCHELL GD. A Dictionary of Sociology[M]. London：Rantledge & Kegan Paul，1968.

化来进行。人类物质生产不是一种孤立的活动，它存在于营销、开发、生产、销售、服务过程的整体系统里面，也就是说，合理的思路贯穿于造物的始终，现代造物以系统论综合的整体思维方法作为思路。第二，混沌的边缘，注重学科交叉。系统的复杂性告诉我们，正是由于系统的复杂性以及系统的自组织性，才为创新留出了足够的空间。学科间的交叉地带和边缘地带将是造物创新的重要领域，多因素、多学科思考始终贯穿于造物设计的整个流程。从这个意义上讲，造物的"理"完全具备系统性和学科交叉性。

制造过程是在造物领域中实施活动。生产者、生产工具、劳动对象和生产成果都是生产要素，科学合理的造物之"理"是造物与生产关系的具体化，是其关系的最生动体现。

从上面的分析可以看出，设计是造物的组成部分。其科学属性体现在选材的适用性、设计结构的合理性、设计方法的科学性、设计程序的系统性几个方面，和造物系统中的生产的工艺性、成本控制、维修的便捷性、绿色制造等因素有着密切且相互影响、相互作用的关系，而这些关系的密切程度直接影响着制造的效率。

三、理的发展性与造物

在造物的历史中，从春秋战国的《考工记》中"天有时，地有气，材有美，工有巧，合此四者，然后可以为良"的经典论述可以看出古人造物技术的分析和总结。除此之外，宋代沈括的《梦溪笔谈》、明代宋应星的《天工开物》、黄成和杨明的《髹饰录》、文震亨的《长物志》、清末民国初王国维的《古礼器略说》等都记载了我国古代造物工艺及技术原理。

造物技术的不断更新，是中国古代造物不断创造奇迹的根本。

之所以以人造物界定人类文明的进程，是因为这些器物的出现，不仅显示了人类改变自然材料的形貌、性能的程度，而且包含了从经验到知识、从技术到信仰、从体制到文化、从战争到生活的全部的、根本的深刻演变。①

理的发展性实际上就是技术过程的必然性，即技术发展的不以人的意志为转移的必然过程。技术过程如同自然界所有的物质一样，是一个进化的过程。作为对人的身体"缺陷"的补充，技术从一开始就是人的自然躯体的扩大化。正如卡普所说，工具是人的器官的"投影"，马克思也说，工具是人的自然肢体的"延长"，并把机器的发展视为社会生产器官进化的工艺史，这表明技术发展性是基本定势。

造物的过程实际上是技术和理念的体现，当人们用大尺度的历史时间和大视野的历史空间的眼光来看待人类文明的演化进程时，往往都是用代表当时最先进的造物技术来标注不同的时代，比如：石器时代、青铜器时代、铁器时代、陶瓷时代、机械时代、原子时代……无论是什么时代的造物活动，都是以当时最先进的技术手段来解决造物的问题，技术、理念一直伴随着造物活动，并推动人类文明走到今天。人类造物活动中的理——工艺技术、造物理念、文化，也从未停止过向前、向更加先进的程度而发展。

---

① 邵琦，李良瑾，陆玮，等. 中国古代设计思想史略[M]. 上海：上海书店出版社，2009.

四、造物中的"理"的定义

商周时期的青铜冶炼技术达到了顶峰，对青铜溶液的配比和青铜失蜡法应用的娴熟，铸造和强化了青铜的"狞厉之美"。同样，宋代五大名窑的建造是建立在古人对陶土、釉料烧制工艺技术的掌握上的，唐三彩、开片、青花、釉里红等每一个新品种的创烧成功都意味着工艺技术的进步。从重量仅仅足两的素纱襌衣到弯木成型的明式家具，中国古代无与伦比的造物技术在中国文化中尤为突出。

本书对于造物中的"理"的定义，从狭义上来说，就是指造物过程中为适应人的需要而应用的工艺技术、造物方式；从广义上来说，除了造物的工艺技术之外，还包括选择技术手段的指导思想、造物理念，这里涵盖了社会的文化艺术、审美情趣、民族情结、宗教信仰等。

第七节　小结

本章对"造物""情""理"进行了深入探讨，在分析整理大量文献资料的基础上，剖析了其中的"情"与"理"的相互之间的关系和深层含义，为后续研究作探索性的挖掘作铺垫。

首先探讨了造物的概念、历史、发展进程，对"情"与"理"分别进行了阐释、定义、属性概括，并对它们在造物中的显现进行了陈述和分析。透过对造物中"情"与"理"的探究，我们发现从原始的造物活动开始，"情"与"理"这两个元素始终处于一种交融的、发展的状态。尽管在进入工业化社会的某一段时期，人类为了技术的快速发展，使得人类情感和技术理性之间产生了分离，但工业设计的出现使得造物活动又重新回到人类情感的怀抱。

从"情"的自我主观性、需要外因诱发性、不确定性、传承性和文化性对造物的影响来看，"情"显现出对造物施"理"的主导性作用，是造物活动中如何思考、如何选择技术、如何选择材料的决定性因素，是造物中各个因素产生关联的纽带。

而在对"理"的分析后发现，"理"是自然存在的，是由人类发现和选择应用的。技术虽然是人们对自然的理性干预，但并非对自然链条的打断，它表现在对自然的筛选、简化或纯化的过程，通过这个过程推动自然的进化。现实中的一些破坏自然生态的"理"最终导致自然的惩罚，而被淘汰。技术是人们的发现和在应用中的创造，是对客观物质的实际操作，所以它受制于自然，它自身就是自然物质的结构的必然性的显现。因此，"理"具有物质本体存在的意义，社会一系列因素的影响和制约就是"情"，干预技术使用并未最终"消解"技术与造物各因素之间的矛盾也是"情"。

笔者在对传统造物资料的归纳和分析中得知，造物中的"情""理"是一直存在的两个元素。传统造物活动中的"情""理"融合是无意识的、是被动适应中的融合，但是千年历史的传统手工造物活动中沉淀的"情""理"关系构架，对于只有百年历史的机器造物和即将走向未来的造物文化来说，指导意义是深远和深刻的。梳理造物中情理二元素之间关系，构建适应现代造物环境的"情理"二元关系理论构架，将使得现代社会的人类造物系统的构架关系变得更加清晰而明确。

今天的人类在关注创新和发展的问题时，通常将人类以往的经验与历史现象当作注意的焦点。现代设计应将对历史的关注和对前人哲学思想的尊敬，将历史的造物观念，进行现代诠释，并灵活地融入当下的造物设计中。

第三章
触物生情
——影响造物之情的"关系场"

　　一般而言，"理"是抽象思维和严密的逻辑论证；而"情"是感情的投入和形象的思维。在这个意义上，情与理是对立的两极。正如我们日常生活中见到的敌人与朋友、伟大与渺小、正义与邪恶的关系一样，是冰炭不同炉的。在中国的传统哲学中，也只注重到这种对立面的转化，如乐极生悲、否极泰来等，实际上，这只是一种非此即彼的论断，而不是将这两个对立面融合起来。我们的先祖们虽然没有在理论上提出情与理相融合的观点，在造物实践上却是将情与理二位一体的"无意识的融合"。

　　本书第二章叙述了传统造物的思维理念和工艺技术，并对造物中的"情"和"理"分别进行了深入探讨，但在研究过程中发现，造物中"情""理"是不可能分开来的两个元素，人类之"情"蕴藏于造物中，造物技术与工艺的应用也一如既往地表现着"情"和适应着"情"，已构成了造物技术和人类情感的相互影响、相互作用的关系。笔者在谈到造物"情"和"理"的任何一方时，都不得不言及另一方的作用和反作用。

　　人类造物发展至今，若是仅仅关注物的本身或是只研究"物与物"的关系，就过于简单地理解造物的本质了。清华大学柳冠中教授的"设计事理学"的核心理念就是将"物"还原到"事"中，去探讨其发生、发展、变化、衰亡的规律。"事"是塑造、限定、制约"物"的限定性因素的总和。事体现了人与物之间的关系，反映了时间与空间的情境，蕴含着人的动机、目的、情感、价值等意义丛。在具体的事里，人、物之间的"显性关系"与"隐性的逻辑"被动态地揭示出来。"事"是体现"物"存在合理性的"关系场"①。

当今的造物，要求更为全面地处理"人与物""人与事"之间的关系，把物作为"事的因果"，结合生物、环境、经济等各方面因素，系统地把握全局问题，使其构成一个系统、一个更深层次的"世界"，以满足人类心理上、情感上的需求。这就要求以"人"为核心，以人类的情感世界之于造物为研究对象的造物理论。

本章定名为"触物生情"，"触物"的含义为接触景物、事物。晋代张载的《七哀诗》有"哀人易感伤，触物增悲心"之说，唐代的卢纶在《上巳日陪齐相公花楼宴》中写道："持杯凝远睇，触物结幽情。"作者以"触物生情"来阐释造物中各因素的关系。"触物"就是"人与物""人与事"的密切关系，"生情"就是"情"对于"物"的作用与反作用。

这个部分涉及三个方面的内容：其一，在上一章对传统造物理念研究的基础上，梳理"情"与"理"的关系，解释造物中"情"对造物的限制关系并提出"情境"的概念，引出造物中"情"的广义含义。其二，本章要回答几个问题：传统造物中，情理的关系如何？造物中为什么会情理融合？情理融合的意义是什么？其三，探讨造物中情理融合的规律。

① 唐林涛. 设计事理学理论、方法与实践[D]. 北京：清华大学博士论文，2004.

第一节　情——造物中限制因素的投射

造物的主体（制造者和使用者）是人，正是这个原因，决定了人类情感在造物活动过程中的主导地位，也就导致人类情感对造物的种种限制和相互作用的关系，而造物过程也就成了协调解决此关系的过程。因此，研究和分析造物之"情"对于探讨造物中情理关系至关重要。

一、造物中的人类情感因素

自然界自从有了人类，就有了人的心理现象，人们也就开始关心探讨自己的心理问题了。由于人类初期生产力水平低下，科学知识贫乏，故认为自然界和人的一切活动都是由神灵安排的。用"神"的力量来解释自然现象（雷、电、风、雨），用"灵魂"来解释人的活动（动作、说话、做梦、死亡），"心理学"的原意是关于灵魂的学问。历史上有大量的探索是关于肉体与灵魂关系的研究。我国古代教育家和思想家孔子（前551—前479年）在《论语》一书中，对人的个性差异、学习心理、品德心理等方面，做了很多有价值的论述。古希腊哲学家亚里士多德①的《论灵

---

① 亚里士多德（前384—前322年），是世界古代史上最伟大的哲学家、科学家和教育家之一。亚里士多德是柏拉图的学生，亚历山大的老师。公元前335年，他在雅典办了一所叫吕克昂的学校，被称为逍遥学派。马克思曾称亚里士多德是古希腊哲学家中最博学的人物，恩格斯称他是古代的黑格尔。亚里士多德主张教育是国家的职能，学校应由国家管理。他最先提出儿童身心发展阶段的思想，赞成雅典健美体格、和谐发展的教育，主张把天然素质、养成习惯、发展理性看作道德教育的三个源泉，但他反对女子教育，主张"文雅"教育，使教育服务于闲暇。

魂》，提出了灵魂和生命不可分的观念，涉及近代心理学的一些领域。在中世纪的欧洲，心理学属于哲学的范畴，研究心理学的都是些哲学家和医生，所用的研究方法与哲学一样都是思辨的方法，心理学没有成为一门独立的学科，但心理学研究的历史却很悠久。到了19世纪中叶以后，由于社会生产力和科学技术的发展，心理学逐渐和哲学分离。1879年，德国哲学家冯特（1832—1920年）在德国莱比锡大学建立了世界上第一个心理实验室，用研究自然科学的实验的方法来研究人的心理现象，使心理学从哲学中分化出来，成为一门独立的学科。感觉由某种情感的质相伴随，情感是感觉的主观补充。感觉可以由形式、强度、持续时间来分类，情感可以根据愉快—不愉快、紧张—放松、兴奋—压抑之间平衡的三维来识别。冯特根据他自己的内省观察提出了著名的情感三维说。

从心理学角度来讲，情感的产生是一种心理现象。人的心理现象是自然界最复杂、最奇妙的一种现象，心理学是一门学科，同其他学科一样，有它自己的研究对象、研究方法、理论体系和发展历史。心理现象与人们的日常生活密切相关，它表现在人们的劳动、学习、游戏等活动中，因此，心理现象产生于人类的一切活动中，也就是说，情感也产生于一切活动中。当然，这活动也指人类的造物活动。

情感是人对客观事物是否满足人的需要而产生的态度体验。它是人对客观世界的一种特殊的反映形式。[①]在认识和改造自然界的活动中，人的心理感受并不是无动于衷的，人对接触到的复杂的客观世界总是抱有不同的态度，并将带有特殊色彩的主观体验和外部形式表现出来，人工作顺利时感到喜悦，遇到不幸时感到悲痛，面临危机时感到恐惧等都是不同的情感表现。

---

① 桂世权. 心理学[M]. 成都：西南交通大学出版社，2016.

笔者从三个方面对情感的含义作分析，见表3-1。

表3-1　情感的含义分析

情感的作用	理解	案例
任何情感都是由一定的客观事物引起的，客观事物是人们情感得以产生的源泉	世界上不存在无缘无故的情感，情感的产生都是由一定的因素作用引发的	温暖的阳光、清凉的海风，会使人心旷神怡；而拥挤的交通、欠债的催款单，会使人焦虑紧张
情感反映的是客观事物与人的需要之间的关系	情感作为一种主观体验，它所反映的不是客观事物本身，而是客观事物与人的需求之间的关系。在这种关系中，不是任何客观事物都能引起人的情感体验	在一般情况下，铃声不能引起我们的情感体验，但当我们需要冷静地思考时，这些声音就会使我们觉得厌烦。当你急切地盼望下课时，电铃的响声就会使你感到特别愉快；当我们在站台久等来车时，公共汽车驶来的声音就会使我们非常高兴
情感对于客观事物的反作用	任何相对的事物之间都有作用与反作用，当事物引发情感时，情感也会对事物产生反作用	使用卷笔刀削铅笔，在卷笔刀正常工作状态下，会给人顺畅的操作快感，而正常的操作快感也会使削铅笔这个工作程序在一种愉快的心情下持续。但如果卷笔刀出现故障，使得操作中间出现停顿或操作无法正常持续，就会使人烦躁，而烦躁的情绪会带来不正常的操作动作，使这个操作无法进行下去

以上的分析说明客观事物是否能引起人的情感体验，是以人的需要为标准的。凡是能满足人的需要的客观事物就能使人产生愉快、喜爱等肯定的情感体验，凡是不能满足人的需要的客观事物就会使人产生烦闷、厌恶等否定的情感体验。当客观事物一方面满足了人的某种需要，而另一方面又妨碍人的另一种需要的满足时，则会引起复杂的情感体验，如啼笑皆非、悲喜交加、百感交集等，总之，客观事物能否满足人的需要是情感产生的原因。

二、情发生的源头

当代世界范围之内，传统的农业文明系统已经成为昨日之景，基因农业、绿色农业、综合农业在生态文明系统中成为重要的组成部分；工商文明仍是主导形式，尤其是全球性的市场经济是当代世界社会发展的趋向；信息时代、知识经济、生态文明的必然趋势意味着文明关注力的迁移，将各民族文化体系推向一个新的起点，开始新一轮的发展。虽然情感一直伴随着人类造物的历史，但直到西方工业革命以后，它才成为一个突出性的问题。

（一）工业文明的发展与传统情感世界的倾覆

工业文明的发展，使人类从以客观性为核心的自然逻辑中挣脱出来，进入以主观性为核心的人的逻辑的时代。工业与科技促进了心理学的发展，体现着人的本质力量，使人的主观世界客观化，尤其将理性的力量发挥到极致，使这一指向自然、外向探索的人类精神向度长足发展，整个工具系统由简单的自然取材工具向人类制造的机器系统发展，不仅延伸人的身体能力，也为延伸人的智力奠定了基础。而且机器之间的技术关联日益超越"物与人"之间的目的关联，指向自然的科学知识，取代以人为核心的生存智慧成为现代文化的重心；理智与效率逐渐在经济、政治、文化观念领域驱逐情感与正义，壮大起来的科技文化与逊位的人文文化的发展开始失衡，在工业文明带来的加速发展中，人类的传统"情"的根基被瓦解了，工业化的进程意味着人的造物活动迈入物质生产的进程。

传统情感的状态与传统的生产方式相对应，也随着生产方式的变化而变化。原始社会的渔猎文明，人作为自然的一部分生存下来，人类精神世界尚处于萌芽时期，对自然的膜拜、恐惧和感恩是文化的起点。农业生产是人在驯化部分植物和动物的基础上进行的活动，是顺应自然、利用自然规律满足自身需求的活动，基本上未脱离自然逻辑，人与自然的关系基本上是和谐的，在需求的基本满足与产品匮乏之间形成了一种平衡机制——抑制的需求与低下的缓慢发展的生产力之间的平衡，农业文明时代的价值观以维持这一消极平衡为要旨，超越尘世（禁欲）的宗教、克己修身（节欲）的道德、讲究和谐优美（发泄、净化、导引欲望）的艺术，都是那个时期文化的典型形式。一方面古典文化中主观世界是客观世界的摹本，自然力量及其人格化形式是文化的最高范本，因而实质上以自然为核心的文化系统，从某种意义上来讲是自然系统的延伸；另一方面，人的超越本能在其主观世界中充分发育，人试图超越自然对其的局限，在动物性中提炼人性，在日常生活和生产中提升人性，在主观世界中建构神性，神、创世者、造物主、上帝之类的观念无非是人的本质的升华、理想化和放大，在农业文明时代，人总是在神的或圣的（自然力量的人格化或人的力量的自然化）阴影中表达自己，不敢正视和肯定自身，文化成为人性的外衣。

当人类造物进入工业化时代，在科技力量的武装下，生产力水平发生了质变，人的造物不仅是满足基本需要的手段，更成为人的理想和目的现实化的环节，人的主观世界从自然系统的自然逻辑下挣脱、独立，成为人化自然的人性逻辑的表达形式，人开始正视自身。文艺复兴时期高扬的人文主义是近代文明的起始，以人性的解放、个性的解放、理性的解放为主题的精神革命，世俗的、本真的、现实的人成为历史的起点、现代文明的出发点，传统的主观世界在理性地审视下全面坍塌，人的精神的内向探索从抽象思辨转向实证研究，人的精神的外向探索的向度，尤其是自然科学迅速发展，成为现代文化体系中最具优势的学科，并影响着和塑造着其他意识形式的风貌，科学通过技术进入实践领域，直接影响经济活动，从而有力影响人的造物方式和生活方式。

19世纪以后，自然科学的加速发展及科学、技术、经济一体化的进程更使其成为物质生产的直接推动力，社会进步越来越明显地与科技革命的浪潮呼应，科学文化的长足发展是现代文化的重要特征，而科学文化的最重要特征是客观世界投射到主观世界的确定、清晰的影像，是主观世界的有序化、客观化、实在化。总之，现代是个无神论和唯物主义盛行的时代，情感世界的丰富性削减而清晰度增大。反映在造物中"情"的演变，传统——迎合"情"、适应"情"，工业化——"以人为中心"，现代——主动关怀人并上升到人的系统。"情"的外延也不断地扩张，扩张至情境、环境、社会和未来可持续发展等。

（二）造物方式的变革与社会结构转型

物质生产是工业文明时代的社会模式，物质生产方式决定着社会的经济、政治、文化活动的基本走向和机制，也决定着精神生产的方式和精神发展程度。生产力决定生产关系，经济基础决定上层建筑的论断准确地揭示了工业化进程中社会发展的基本规律，现代社会无论是现代化的资本主义模式还是社会主义模式，其建构原则基本上是以提高劳动生产率、解放和发展生产力为主，生产关系和上层建筑的结构方式必须适应生产力发展的水平并体现先进生产力发展的方向和要求。资本主义在其产生的几百年间创造出以往所有社会形态所创造的物质财富的总和，证明其社会的高效率和高效益原则在相当程度上得以贯彻，但日见普遍深入的异化现象也暴露了其深刻的内在矛盾；而科学社会主义的合理性也植根于经济领域，以否定束缚生产力发展的生产关系为要义，建立更合理的更高效的社会发展的理想模式，这一探索在经历一个世纪的全球性共产主义运动的实践后目前进入低潮，但其正向价值和理论合理性并不因此而消失，作为工业文明基础上的现代化新模式的探索，社会主义对后发型现代化国家发展模式的选择有诸多启发。

物质生产力的高度发展使人类文明逐渐摆脱了物质绝对匮乏的状态，使以生产资料的占有和产品分配制为核心而建构的等级制社会结构发生变化。一方面，工业文明发展初期，生产规模的扩大、需求的增长使社会由消极稳定转向积极发展，资源的开发、产品的丰富减轻了绝对匮乏所造成的自由时间缺乏而严重局限人类全面发展的积弊，但贫富差距进一步拉大，相对匮乏的局面更加严重，往往以整个阶级或民族的牺牲来换取少数阶层或少数先发展国家的强盛，阶级矛盾（经济利益集团之间的斗争）和国际矛盾（各国家与民族之间生存与发展权力斗争）日益激化，传统社会在现代化的进程中纷纷崩溃，现代社会在以经济发展为龙头的进步观念的导引下，在高效率的社会化、机械化的大生产的不断发展中，社会结构不断复杂化、平面化、精密化、机械化，社会机器的高效运转，将人类的精神交往纳入理性轨道，经济人、技术人（职业人）代替政治人、道德人成为典型生存状态，拜物与拜金成为工业时代的普遍流行的典型意识形态。另一方面，发达工业社会物质匮乏的基本解除，使越来越多的人在谋生存之外有条件发展精神生活，摆脱物质的束缚，突破自然状态的束缚，超越功利观念，达到自由的审美状态，这是人性从物质和物欲中解放的标志。席勒所言："什么现象标志着野蛮人达到了人性呢？不论我们对历史追溯到多么遥远，在摆脱了动物状态奴役的一切民族中，这种现象都是一样的：即对外观的喜悦、对装饰和游戏的爱好。"①工业文明时代，从神的

---

① [德]席勒. 美育书简 // 马奇. 西方美学史资料选编（下卷）[M]. 上海：上海人民出版社，1987.

阴影中挣脱的人类又为物所奴役，文明人如何从物性、机械性、计算理性
中解放，达到人性的新的制高点，不是通过倒退或在幻想中回归自然以恢
复人性的原始完满性，而是在造物能力的更大限度的解放和发展中开辟路
径，同时造物中设计与生产的分离，也影响着情理关系的构架。造物能力
的飞跃性发展是促成现代物质文明窒息精神发展的原因之一，造物能力的
高度发展也是突破僵局的前提。

（三）人类情感的变异

伴随物质生产力的飞跃性发展，传统的以客观世界为摹本的主观世
界实现了向主体性觉醒、独立、发展的转型，主观世界客观化成为现代精
神发展的重要趋向。随着工业化进程的完成并向发达工业社会过渡，以追
求认识真理（客观必然性）、改造自然为核心的现代人类主观世界开始又
一次转型，这一次转型以知性及不断客观化的知识世界、工具系统为核心
向理性和感性两个向度展开。理性层面的主观世界褊狭化为技术理性的意
识形态统治，促成了单面社会、单面人、单面文化，而抑制了反抗性、可
能性和否定性，形成僵化的主观世界；而感性层面的主观世界，泛滥于本
能的扭曲和欲望的膨胀，缺乏必要的升华，又失却了自然状态的本真与健
康，形成精神世界的歇斯底里症。可以说工业文明阶段的人类主观世界是
人类精神发展的否定阶段，主观世界在客观化的过程中不断狭隘化和僵
化，人的本质力量对象化的过程中人性全面异化，而这个否定阶段是文明
发展的必要环节。

主观世界的转型在情感领域引起了重要变革，传统情感世界的序化结
构以简单明晰的意义序列表达出来，各成体系的意义序列互不融通，一旦
相遇，情感冲突激烈并直接影响行为，情感作为精神活动与实践行为的中

介承上启下，传统文化在理想目标意义上总是要求知行合一，情感逻辑力图与价值秩序保持一致，因而传统的宗教、道德、政治的说教气息极浓，致力于将情感纳入意义系统的正轨，人文教化的重任是教会人们"正确的好恶"，价值秩序和情感秩序皆体现出明确的等级结构，而且这种精神等级制的建立和维护是以牺牲精神的自由和情感的自然本真为代价的，在极端状态时僵化的情感与暴力相结合，形成传统社会人际争端直至战争之源，如所谓"圣战""以理杀人"等。

三、造物中之"情境"

中国文化把人理解为由"身""心"两部分组成（应该说这一点是与所有文化都相同的），但是身和心（即便是同一个人的）是被分别看待的。这里，笔者将"心"理解为"情境、环境"。《现代汉语词典》中的"情境"是这样解释的：情景、境地。关于"情境"的理解，有几种代表性的描述。德国心理学家库尔德·勒温表示，"每一门科学心理学都必须要考虑整个情境，即个体和环境两者的状态"，但是"在心理学中我们尚没有包括这两者的术语。因为情境这个术语通常用来表示环境"①。他在谈论情境问题时指出，就情境概念的内容来说，从亚里士多德的概念到伽利略的概念过渡，要求人们要在物体和它的环境之间的关系中，寻找事情的原因。美国社会学家托马斯则是将情境视为态度与价值观，他认为"情境"的含义包括三个方面：第一，个人或社会进行活动时的客观条件在特定时间里，直接或间接影响着个人或群体的意识情况；第二，个人或群体

---

① [德]库尔特·勒温. 拓扑心理学[M]. 竺培梁，译. 杭州：浙江教育出版社，1997.

的先存态度在特定的时间里，对人的行为发挥影响；第三，情境定义，即对于条件、状况和态度意识的比较清楚的概念。黑格尔在《美学》一书中说道："艺术的最重要的一方面从来就是寻找引人入胜的情境，就是寻找可以显现心灵方面的深刻而重要的旨趣和真正意蕴的那种情境。"①他还说道："情境是本身未动的普遍的世界情况与本身包含着动作和反应动作的具体动作这两端的中间阶段。所以情境兼具前后两端的性格，把我们从这端引到另一端。"①

探讨情境的同时，还应该解释情景的含义及相互之间的差异。情景的基本解释为：（1）感情与景色。（2）情形，情况。《辞海》的解释为：（1）情况、光景。《红楼梦》第十八回："母女姊妹，不免叙些久别的情景及家务私情。"（2）景，外界的景物；情，由景物所激起的感情。如：情景交融。从词义上看，情景实为一种心情和境界，是由外界景物激发起的人的心情或感情，对比于情境，情景只是一种单向的作用，只是由外界景色引发内在心情。

对比以上这些观点，笔者对"情境"的理解，从造物角度来看，情境就是主观与客观相互作用的产物，造物中的情境因素就在于客观的外在的"境"引发主观的内在的"情"，再由内在的情作用于外在的"境"，正是这种相互作用，才使得造物的价值体现能够超出"物"本身而体现在整个社会环境关系中。情境对于造物的作用体现在通过环境、气氛的烘托去影响人们的心理，从而引发情感，情境所带来的感受就是影响和制约造物的情感的因素，即"情"的因素。同时，情境的存在，也丰富了物的品种。

---

① [德] 黑格尔. 美学[M]. 朱光潜，译. 北京：商务印书馆，1979.

第二节　物——人类适应环境的必然

　　所谓物，就是指东西，动物；指自己以外的人或跟自己相对的环境。法律上所说的物，是指民事权利主体能够实际控制或支配的具有一定经济价值的财产。可以说，除人们个人身体以外的、凡能满足社会生活需要的，并且有可能为人们所支配或控制的一切自然物和劳动创造的物，均可成为民事法律关系的客体。可以这样理解法律上的"物"：能成为法律关系客体的物是指能满足人们需要，具有一定的稀缺性，并能为人们所现实支配和控制的各种物质资源。

　　物的功能是人类需求的表现，也是"情"的另一种表述。物的产生是人类情感欲望和材料、技术共同作用的结果，也在相当程度上决定着情感的发展方向、水平、方式和发展程度，直接反映着人类主观世界的发展状况，对人类情感世界有决定性作用。

一、物——材料与技术作用于"情"的结果

　　一般认为，物是技术和材料相互作用的结果，这个观念把人排除在了系统之外。本书第二章已对"物"有所解释，物是人以外的具体的东西。从本书的研究来看，物是人造的、具体的、有使用价值的东西。比如：电冰箱是用来冷冻食物的、电话是用来通话的、电钻是用来钻孔的等。物虽然是人以外的东西，却是和人的需要有着密切关系的东西。人生活在这个世界上，首先表现为人的情感欲望及其实现。欲望是指人对于某个目标或事物的渴望，是需求和向往的原动力。因此，欲望一方面表现为一种状

态，是人对某种目标的渴求以及获得之后的满足；另一方面表现为一种意向行为，它总是指向某物或朝向某物。生活世界的活动始终是被欲望所推动的。

人的内在需要（欲望）是造物的直接驱动力，而外在环境因素（情境）是造物的直接限定因素，协调这两者的润滑剂就是在造物中使用合适的材料和合理的技术工艺。农业文明时代基本上是个体生产、手工制作，强调个体经验和个人经验，其情感精神也与其农业劳动方式相应，每一个创作过程的产品往往是独一无二的，个人感受特征渗透其中，但历史传承性强。在农耕文明基础上，经验主义思维方式使精神生产的模式化痕迹较重，民族性、个性色彩是客观自在的，并因交往的局限而较完整保留、较独立发展，形成前现代文明彼此隔绝的特色鲜明的文化体系和造物情境，人们操不同的语言四散去发展，彼此不相沟通而各具特色各领风骚，但由于重复工作多，发展效率较低，这意味着人的力量并未通过社会高效率的整合而超越自然决定性。这种局面是在伴随着现代化而来的全球化浪潮中才改观的。造物者的天赋、才能、创造性作为自然的一部分存在，产品以"巧夺天工"为成功标志，精神境界以"天人和谐"为目标，表明精神生产并未脱离自然系统完全独立。

二、物 ——人类生存欲望的道具

作为人类生存欲望所欲求的对象，它既可以是一件事，也可能是一件物。欲望的实现等于生存的满足，而欲望的满足要借助于物的生产和消费。生产和消费的过程不是一个盲目的行为，而是人预先设想和规划的行为。这一行为自身具有明确的目的性，就是为了满足生存欲望，它的本性显现为造物。因此，生活世界中的欲望成为造物活动的直接动力，而物的产生是人欲望控制下材料和技术相互作用的结果。

就欲望本身的区分来看，笔者引用雅克·拉康①的欲望理论：需要是人的生物欲求，它是器官的本能性要求，如食物的满足和性的要求等，意味着原始的欲望；欲望是无意识的，经过移位以后会进入人的意识领域，代表人的生理、心理本能的作用；而要求是由社会文化所产生的人的本能，它是人的欲望在意识中对于外部世界权威性依附的再现。只要人存在，欲望就存在。也正是因为人的欲望，才产生了社会物质生产和消费以及由此产生的各种社会关系。这些活动及其关系都是由欲望所产生，并由它所推动的。

---

①雅克·拉康（Jacques Lacan，1901—1981年），法国精神医生，是极具争议的欧洲精神分析学家，被称为"法国的弗洛伊德"。拉康严厉批评偏离弗洛伊德潜意识理论而走向"自我心理学"的美国式精神分析学派。在美国，精神分析治疗集中于自我意识，解释病理性心理防御，并促进无冲突矛盾的适应能力的成长。拉康全盘否定这种做法。根据他的观点，无冲突境界不存在的"自我"是敌视潜意识与主要精神分析过程的。他认为精神分析是一种咨询，而不是一种治疗。拉康以他典型的玩弄文字游戏的手法，讽刺美国试图将精神分析变成一门实践科学的研究，是"无心理"和"周围心理"。英语"实践"一词experimental拆成两半就成了"无心理"（ex-mental）和"周围心理"（per-mental）。对拉康来说，那种用动物进行的研究排除了心理的概念，因为心理必然与语言、意义和价值观念相关联。

第三节　触——制造和使用

　　人是有感情的，人对物产生感情的原因是物满足了人的情感。人们在心理层次上的满足感不会如同物质层次上的满足感那样的直观，它往往难以言说和察觉，甚至于连许多的使用者自己也无法说清楚为什么会对某些产品情有独钟，究其原因所在，最直接的是：物自身充满了对人的"情感"，而人又是有情感的。作为物，首先应当让人们在看到它的第一眼时，就喜欢上它，这是物给人的第一印象，要让设计的物具有这样的效应，就必须让物的形态具有情感，且对人物关爱，从情感上打动人们，满足人们的使用欲望和审美欲望。

一、制造过程中的情感因素

　　情感一般被看作是一种人与人之间的行为，"依情论点"的出现，让我们得知，人与物质是可以产生感情的，并可以把这种情感覆盖在人类的行为活动中，将情感赋予产品，让产品具有"人的情感"。

　　本文前面已经说到造物中的情境的作用。这是一个循环系统"情感—环境—原理"，情境能够引发情感，情感沉淀之后上升到情理相互交融，对造物进行指导，进行改进设计、发展和完善，这就是造物的发展过程，物继而能够适应环境（情境）。适应之后，继而传承。

　　作为人类生活中重要的组成部分，造物过程也不可避免地受到社会（情境）的反作用。在造物与社会的相互影响、渗透中，人的情感因素被延伸了。对于造物来说，通过造物行为本身所提供的功能来满足人的情感需求是精神的意义，它包括人在创造性劳动中所实现的人的情感价值。可以说，在创造物的过程中，人的内涵从生物的人延伸到思想的人、情感的人，这就是说，人的造物活动从生物属性走向了文化属性。

以中国传统造物哲学为例，传统的造物机制，讲究的是一种动态的、有机的、整体的文化生态系统。中国古代天人合一的有机生成论和时空一体化动态模式的宇宙观念，对于传统造物观有着极为深刻的影响。造物讲究物态系统和物态环境的和谐，特别强调适应机制和调节机制。既包括对自然的适应，也包括对其他文化的适应。同时注重稳定性原则，传承沿袭各种典章制度和形制式样，形成调和持中与保守的观念系统。摒弃其中封建迷信的糟粕，传统工艺造物的多维、动态、有机的文化生态观念，是值得我们很好继承和发扬的。

二、使用过程中的情感因素

"触"在本章节还有一个重要的含义，就是解释"物"在使用过程中和"人"产生的情感关系。产品制造出来的重要目的是为人所用，产品是人为了能够适应生存需要而制造的。人是有情感的社会群体，现代产品设计与制造是一种深入人心的人的造物活动，产品发展到现在，不再是一种单纯的物质的形态，也不再是单纯的物的表象，而是与人交流的媒介。

从日常的产品中可以看出，在物的使用过程中体现出"人—物—环境"的情感交流系统。这是一个电话的例子（图3-1）。

自从1876年，亚历山大·贝尔发明了电话以后，电话已经成为生活必需品。现代人们常用的电话主要分为三类：公共电话[图3-1（a）]主要安置在公共场所（室外或室内）；家庭或办公电话[图3-1（b）]，这类电话主要安置在家庭环境或办公室空间；个人移动电话[图3-1（c）]为个人随身携带使用。

（a） （b） （c）

图3-1 不同场所的电话

三种电话的形态、体量大小、结构大不相同，这其中属操作按键的大小和间距差别最大。这三种电话在使用过程中都是针对单个人，为什么在设计中会有如此之大的区别呢？

这是电话在设计中考虑了"情"的因素的结果，试着体验一下：当人在一个很大的空间里按下电话按键的时候，动作力度会自然而然地加大，而且动作的精确度也会降低；反之在较小的室内空间里，按下按键的动作的力度会自然变小，操作精确度也会提高；如果是操作更小的手机，人手的动作会更加精确。

这里，情的因素包含了人的心理和生理作用于情境的体验。

三、 "情境"作用于造物

情境运用的关键就在于找到"情理"，即找到事物内在关系和规律，从而对造物过程进行指导。这里讲的情境有着更加宽泛的含义，指的是"影响造物的社会环境"。

案例分析——中国人厨房用具的情感分析

中国烹饪文化具有独特的民族特色和浓郁的东方魅力，主要特点表现为色、香、味、形。所谓"色"，是指菜肴色彩搭配讲究，新鲜和谐；所谓"香"，是指吃时能感到鲜香、脆香，能嗅到鱼香、肉香、菜香等；所谓"味"，是指能尝到的酸、甜、辣、咸、鲜等美味；所谓"形"，是指烧成的菜肴花色繁多，外形美观[图3-2（a）]，表现出完美的造物艺术效果。中国的烹饪技艺，表现了中国饮食文化的博大精深，也蕴涵着中国传统文化艺术、饮食审美风尚、民族性格特征诸多因素。

中国传统文化，对中国人日常生活的影响是深远和广泛的。随着物的丰富和社会生活的进步，现代化的厨具走入中国百姓的厨房，如多功能的食物处理器、轻巧的切割器、便捷的切片工具等[图3-2（b）]，尽管这些用具充斥着厨房的每个角落，但这并没有改变中国人对于传统烹饪方式的情感。大部分中国的家庭主妇，还是习惯使用传统的"大菜刀"来处理食物，切块、切片、切丝和剁馅，"大菜刀"在中国家庭主妇的手里显示出一刀多能的实用价值。然而，"大菜刀"在使用过程中对于操作技术是

（a）   （b）

图3-2　中国烹饪和厨具

有一定要求的，双手动作的协调、运刀的力度和节奏等技艺对于普通百姓
而言，的确是一个"高难度"的技术活，稍不留神就会伤手，以至于很多
家庭主妇在传统烹饪技艺面前望而却步。图3-3所示是针对中国设计出的
在使用"大菜刀"切菜时，保护手指的"手指保护戒指"。"手指保护戒
指"戴在最长的中指上，"大菜刀"贴着"戒指"的护片运行，防止伤到
手指。

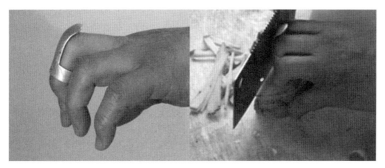

图3-3 手指保护戒指及使用方式

第四节 生——物与情的因果联系

从造物技术的发展历史来看，技术在多数时间里一直以人性之外的物
性为对象，其技术也多是拆解和组合物质的技术。但进入20世纪以来，它
日益触及人性的自然前提和物质基础，使本已极为复杂的人性系统更加具
有不稳定性和不可预见性。物性科技的发展面临着自身方法论和现实应用
的双重困境，也意味着它到了该转向人自身之内的时候了，即转向人性科
技，以人与自然关系的整体本质和规律为对象，以完善和提升人性为自身

发展的目的。[①]

　　发生学作为观念与方法在人文科学领域运用日渐频繁，使用范围日渐广泛。笔者在人类造物的研究中引入发生学的概念，目的是反映和揭示自然界、人类社会和人类思维形式发展、造物演化的历史阶段、形态和规律的方法。将研究对象作为动态发展的过程，注重历史过程中主流的、本质的、必然的联系。

　　本书研究的范围界定在造物领域，要探索"物"与"情"之间的联系，就要从物的静态的现象描述到情的动态的发生的分析，从注重外在形式要素的研究到注重整体内容与功能的研究，从对物和情相互作用结果的研究到物和情相互作用过程的研究，从对情的历史性研究到对观念与认识的逻辑性研究。人类造物活动涉及多学科领域的知识，"物"和"情"又分别属于两个不同领域，因此，笔者尝试以发生学的研究方法来研究，此研究方法是从自然科学"嫁接"到人文科学领域的，作为一种研究方法与范式，其最大的特点就是——跨学科（图3-4）。

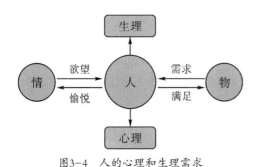

图3-4　人的心理和生理需求

"情"的研究是以人作为研究主体，涉及人的思维认识发展过程与人类社会发展的过程，因此人文科学各领域不仅相互交织，而且相互阐释，这使得人文科学领域的发生学研究，在具体的研究中具有跨学科研究的特征，"情"的研究也

---

　　① 吴文新. 科技与人性——科技文明的人学沉思[M]. 北京：北京师范大学出版社，2003.

应如此。实际上，从研究"因物而发生情"的原因来看，情与心理学、社会学、语言学以及人类学等相关学科与领域的联系尤为密切，因此必须用跨学科的研究方法来研究它。

首先，情的发生在本质上基于人的需要，因此，研究"情"发生的原因首先必然要涉及心理学的研究。

其次，人作为情的主体，是社会化的产物，而作为主客体相互作用的产物，情不仅因为机体的主观需求，也因为客观的社会历史环境，这就必然涉及社会学。

最后，作为认识的工具，语言是人文科学建构的基础，因此，人文科学发生学研究必然涉及语言学。此外，由于语言与宗教、文化等相关学科密不可分，人文科学发生学研究有可能牵涉人文科学所有领域，甚至自然科学领域。

以下从四个方面分析。

一、生于需要之"情"

心理学作为研究人的行为与心理活动规律的一门科学，它是这样理解人与周围事物的关系的。（1）心情感动，汉代王粲在《柳赋》中这样写道："枝扶疏而覆布，茎森梢以奋扬。人情感于旧物，心惆怅以增虑。"南朝宋傅亮的《为宋公求加赠刘前军表》写道："金兰之分，义深情感，是以献其乃怀，布之朝听。"（2）人受外界刺激而产生的心理反应，如喜、怒、悲、恐、爱、憎等。晋代陆云的《与陆典书书》："且念亲各尔分析，情感复结，悲叹而已。"唐代白居易的《庭槐》诗中曰："人生有情感，遇物牵所思。"

人在生活实践中与周围事物相互作用，必然有各种各样的主观活动和行为表现，这就是人的心理活动，或称为心理。具体地说，外界事物或体内的变化作用于人的机体或感官，经过神经系统和大脑的信息加工，就产生了对事物的感觉和知觉、记忆和表象，进而进行分析和思考。人在实践中同客观事物打交道时，总会对它们产生某种态度，形成各种情绪。人的情绪的反作用再通过行动去处理和变革周围的事物，就表现为意志行动。以上所说的感觉、知觉、思维、情绪、意志等都是人的心理活动，是由外界的事或物引发，并反作用于事物的过程。

根据心理学的理解，情的产生属于人的需要和周围事物发生联系后的作用和反作用的结果，此结果是心理活动的一种形式。每个人在接触客观事物的过程中，各自都具有不同于他人的特点，各人的心理过程都表现出或大或小的差异。这种差异既与各人的先天素质有关，也与他们的生活经验和学习有关，这就是所谓的个性或人格。

案例分析——家具和健身器一体化方案

现代人的工作和生活节奏很快，而休闲的时间零散且少。很多人只有下班后在家里才能进行简单的运动，因此家庭健身已成为时尚。越来越多的健身器材进入家庭，如仰卧器、健步器、跑步机、健骑机、划船器等，这些健身产品使人们在家里就可以进行比较专业的健身活动。但是，健身器材进入家庭引发了一个问题——健身器材占用空间过大，和目前中国百姓并不宽敞的住房面积形成了矛盾。

目前市场上出售的健身产品，要么功能单一，要么产品体积庞大，而且价格比较昂贵。如何让普通百姓能够在并不宽敞的家庭空间里，合理地摆放一款综合健身器？这一问题引发了对健身器材的重新思考。

思考点：茶几，每个家庭必不可少，一般摆在客厅中宽敞的位置，针对我国一般家庭的健身需求及住房面积的实际情况，能否将茶几和健身器材一体化？于是设计团队开发了这款茶几与健身器材一体化的产品（图3-5）。

心理是生物神经活动的产物，心理起源的研究主要从比较心理学（研究各生物物种神经功能及心理发展水平）、发展心理学（人类个体心理发生发展规律）两方面进行，动物神经系统的产生是心理起源的物质基础和必要条件。

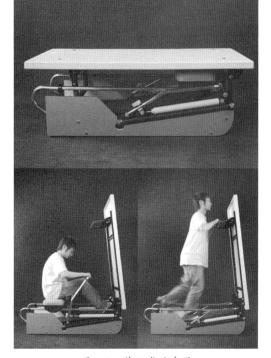

图3-5　茶几式健身器

二、生于社会之"情"

造物是为了满足人的需求，人作为"情"的主体，是社会化的产物，而作为主客体相互作用的产物，"情"不仅因为机体的主观需求，也因为客观的社会历史环境，这就必然涉及社会学①。作为社会之需求的满足，

---

① 社会学是从社会整体出发，通过社会关系和社会行为来研究社会的结构、功能、发生、发展规律的综合性学科。它从过去主要研究人类社会的起源、组织、风俗习惯的人类学，变为以研究现代社会的发展和社会中的组织性或者团体性行为的学科。在社会学中，人们不是作为个体，而是作为一个社会组织、群体或机构的成员存在。

也是社会群体的情感对于造物的要求，社会学作为对现代性突出矛盾的回应出现于19世纪。这个现代性矛盾是：这个世界变得越来越小，且越来越成为一个整体，个人的世界经验却变得越来越分裂和分散。社会学家不但希望了解什么使得社会团体聚集起来，更希望了解社会瓦解的发展过程，从而做出"调整"。

从造物的角度看，情感是与社会性需要相联系的高级的主观体验。这个体验反映在三个方面：

1.物体现的"社会道德感"

道德感是根据一定社会的道德标准，对人的思想、行为做出评价时所产生的情感体验。当自己或他人的言行符合道德规范时，对自己会产生自豪、自慰等情感，对他人会产生敬佩、羡慕、尊重等情感；当自己或他人的言行不符合道德规范时，对自己会产生自责、内疚等情感，对他人会产生厌恶、憎恨等情感。

2.物体现的"社会理智感"

理智感是在认知活动中，社会之人认识、评价事物时所产生的情绪体验。如发现问题时的惊奇，分析问题时的怀疑，解决问题后的愉快，对认识成果的坚信等。理智感常常与智力的愉悦感相联系。

3.物体现的"美感"

美感是根据一定的社会审美标准评价事物时所产生的情感体验。它是人对自然和社会生活的一种美的体验。如对优美的自然风景的欣赏，对良好社会品行的赞美。美感的产生受物的外形及个人审美标准的制约，丑陋的内涵冠以漂亮的外表，也无法使人产生美感。而且，不同人的审美标准不同，也会使不同个体对美的感受产生差异。

以上分析，社会之情归结为三，道德、理智、美感。

三、生于文化之"情"

关于文化的定义，19世纪最有影响力的是英国人类学家泰勒在《原始文化》一书中提出来的："所谓文化或文明乃是包括知识、信仰、艺术、道德、法律、习俗以及包括作为社会成员的个人而获得的其他任何能力、习惯在内的一种综合体。"[1]这是人类第一次从整体性上来界定文化，泰勒确信文化的发展同社会的发展具有一致性，因此可以对科学、宗教、情感、道德等各种精神现象的产生与发展做出说明。20世纪最有影响力的文化定义，则是美国文化学家克鲁伯和克拉克洪在*Culture：A Critical Review of Concepts and Definitions*中提出来的，他们认为：文化是包含各种外显或内隐的行为模式，通过符号的运用使人们习得并传授，并构成了人类群体的显著成就；文化的基本核心是历史上经过选择的价值体系；文化既是人类活动的产物，又是限制人类进一步活动的因素。显然，文化作为一个大系统，包含着诸多子系统。从总体上讲，文化这个大系统包含了物质文化、社会制度文化和精神文化三大要素，在这三大系统中又包含了很多子系统，如精神文化中包含道德、科学、艺术、哲学、宗教等，这些子系统都处于大系统之中，一方面它们都受到文化大系统的影响，另一方面它们又反过来影响和作用于文化大系统。

中国传统文化以处理人与人、人与社会的关系为中心，整体格局以人文文化为主体，有着浓厚的伦理和政治的特征，也有着浓厚的情感特征，崇尚个体人格修养、道德实践和社会文化教化的传统相结合，而中国传统造物在处理人与人、物与自然和社会关系等方面都受到中国传统文化

---

① 覃光广，冯利，陈朴. 文化学辞典[M]. 北京：中央民族学院出版社，1988.

的影响。

　　作为认识的工具，符号、语言是人文科学建构的基础，因此，人文科学发生学研究必然涉及语言学。此外，由于语言与宗教、文化等相关学科密不可分，人文科学发生学研究有可能牵涉到人文科学所有领域，甚至自然科学领域。表3-2是心理学领域对于色彩效应的研究成果，对其合理的运用能够有效地丰富造物文化。

表3-2　心理学的色彩效应——色彩测试心理学家
吕舍尔（M.Lusher）分析的颜色与性格的关系

颜色	性格	表现的情
红色	代表人的征服欲与男子汉气概的颜色	喜欢红色的人大都有野心，会积极地争取想要得到的东西，是行动型的人。对工作也是热情高涨，但是过于兴奋时可能会对周围的人具有攻击性，红色代表着激情和光荣，红色代表永不言败的精神气质
蓝色	大海的象征，是代表沉稳与女性气质的颜色	喜欢蓝色的人性格上都很沉着稳重，而且诚实，很重视人与人之间的信赖关系，能够关照周围的人，与人交往彬彬有礼，蓝色代表博大胸怀，永不言弃的精神，和谐世界
黄色	代表活泼、明快与温暖的颜色	喜欢黄色的人性格开朗外向，而且有着远大的理想。他们希望显示出自己的性格，但有时候做事会有些勉强，黄色代表传统气息
绿色	代表自信心、稳健与优越感的颜色	喜欢绿色的人比较稳重，是忍耐力很强的类型。很注意与周围环境的调和，但是在有必要贯彻自己想法的时候，也能够冷静地表达出来。绿色代表健康、自然，人与自然的相互和谐

续表3-2

颜色	性格	表现的情
茶色	代表家族、家庭、温馨的环境和安全感的颜色	喜欢茶色的人温和宽厚，是有协调性的类型。他们很善于处理人与人之间的关系，一般来说在有烦恼的时候可以去找这一类型的人谈心，茶色也代表了一种特殊的文化，如茶道
紫色	代表感性的、神秘的、情欲的颜色	喜欢紫色的人很浪漫，是富于感受性的类型，性格细腻，富有个性。在某些方面会显示出自我陶醉的特征。紫色更代表了一种特殊的理想主义
灰色	代表沉静、优雅、寂寞的颜色	喜欢灰色的人多数以自我为中心，对他人不感兴趣。有时会显得优柔寡断，对他人依赖性强。灰色也代表了颓废、陈旧，象征着一种去旧成新的特殊意味
黑色	代表断绝念头、屈服、拒绝、放弃的颜色	他们是十分努力上进的人，但有时没有常性。黑色代表神秘、无所不能的力量

案例分析——苹果iMac电脑设计

苹果电脑利用鲜明活泼、富有生机的外形和色彩打破了传统电脑样式的冷漠外观和单一灰色的印象，使电脑办公过程变得充满乐趣，它的绚丽色彩和独特的外形令人痴迷，为忙碌的工作空间增添了许多清新的气氛，使人们紧张的大脑和疲劳的心灵得到调节和放松。给人们带来了全新概念的苹果iMac个人电脑一经上市，就备受欢迎，立即扭转了苹果电脑在市场上的业绩。2005年，美国《福布斯》杂志和纽约的维瓦尔迪伙伴调查公司合作，选出了过去4年全球20大高增长品牌，其中苹果电脑（图3-6）位居第一。

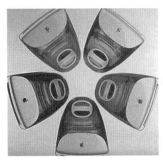

图3-6　苹果iMac电脑

　　苹果电脑的成功，在于设计者强调以人的情感需求为设计的中心，全面评估需求并从文化因素入手，打破传统产品一贯冰冷的外形和色彩，给使用者以全新的实用体验和审美享受，这是产品引发积极情感的成功案例。

案例分析——中美两国厨房抽油烟机的对比

　　中国家庭厨房必备的抽油烟机[图3-7（a）]和美国家庭厨房的抽风机[图3-7（b）]在功率和表现形式上大不一样。造成这种结果的直接原因和饮食习惯、烹饪方式的不同及居住环境的差异相关。不同的饮食文化和烹饪方式反映出不同地区的人们解决厨房问题的不同方式。中国人的烹饪方法比较丰富，其中炒、爆、煎等这一类方式极易在瞬间产生大量油烟，所以中国人将解决厨房油烟问题看得很重，在房屋建筑设计中就有专门用于排油烟的管道，大量的研究和技术用于油烟的吸和排，所以中国人房屋设计中往往会将厨房和餐厅、客厅分割开来；在这个方面，美国人的厨房就不需要过多考虑油烟方面的问题，他们喜欢把厨房和客厅、餐厅融合在一起，且厨房顶部配有报警器，异味过重会触发报警装置。由此看出，饮食文化和烹饪方式的区别会造成不同文化背景下，人们思考问题和解决问题的方法上的差异。

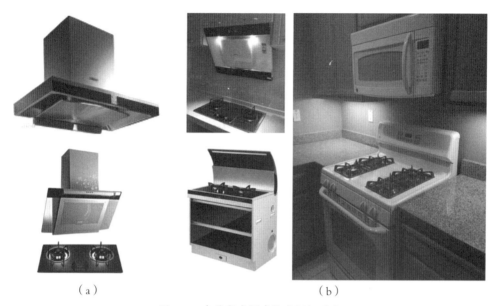

图3-7　中美家庭厨房抽油烟机对比

四、生于技术之"情"

材料选择和工艺技术的应用都是为了实现"物"的功能，物的功能又是为了满足人的需要，而人的需要有生理生存方面的（物质需求）和心理情感方面的（精神需求），因此，造物之理（材料的选择和工艺技术以及设计思想）的核心就是围绕着人类的需要的满足。

自从人类开始造物，造物技术就永远没有能够"满足"人的欲望。正是这种不满足，才使得人类不断地改进和探索新的造物工艺和技术，而这样的不满足背后显现的是"理"对于"情"的限制，因为有了限制，才有了协调和相互交融。"天有时，地有气，材有美，工有巧，合此四者，然后可以为良。"从《考工记》中的这一段叙述，我们可以看出，这个"合此四者"则是因为"天、地、材、工"四者的相互"限制"需要"协调"，而正是有了"合此四者"才使得物"可以为良"。

　　从这段话中可以归纳出，"适应"是设计活动的起点，"适度"是评价标准，也是设计活动的过程，"适合"是目标，是设计活动完成的状态。设计选材的目的并不是寻找"最优解"，而是"适合解"。衡量设计选材的标准不是对与错，而是相对的适合与不适合。[①]所以，"最好"的造物设计只是一种口号、时髦和追求，而"合适"比"最优化"更为合理，并具有发展的空间。正是因为情对于技术的限制和需求，才使造物技术运用在适度的原则下，才使人类造物中的情理二元产生交融和相互作用的适应关系，才使每个历史时期的造物技术总是得以发挥最大的限度来为人类服务。

第五节　小结

　　本章围绕"情"与造物，从"触"和"生"这两个角度展开讨论，着重阐述了情境作用于造物，突出由造物引发的人的情感、由情感影响的造物因素、将情感物化的过程，明确了"情"与"理"的关系，引出造物中"情"的广义含义；探讨造物中情理融合的规律，并解答了造物中"情"与"理"的相互作用的关系，情理融合的原因以及情理融合的意义。

　　以"触"的概念引出的生产与使用，体现出造物者和使用者两类人群的情感交流，以及现代社会中情感更加广泛和深层的含义，如资源、环保和可持续发展问题；以"生"的概念引出的"情"对于物的重要意义，及

---

① 郑建启，刘杰成. 设计材料工艺学[M]. 北京：高等教育出版社，2007.

对于物的使用者——人的意义、对于社会形态的意义、对于文化传承的意义、对于造物技术发展的意义。"生"作为本章重点,深入探讨情对于人类造物活动的影响作用,以及"协调"情理二元所产生的积极效果。

造物既要合理应用工艺技术,又要兼顾情感因素的表达。就需要协调造物中"情""理"之间的矛盾,因为"协调"而使情理二元产生了相互兼顾、相互谦让、相互交叉、相互融合的紧密关系。人类的造物活动也正是因为有了情理交融的关系,与动物造物产生了非常显著的区别:动物造物的取材和构造,自从有生命起就从未改变过;人类的造物因"情理交融"而适应了自然环境和人类生存的需要,因追求最佳的适应方式而使造物技术产生了改良和进步,同时,人类造物文化也因情理交融而传承和发展。

第四章
造 物 依 理
——造物中的"摆'事实'，讲'道理'"

　　造物中的"情理二元交融"并不是一个新的理论概念，而是看待当今工业设计活动的新的视角。传统造物所用的材料完全是自然材料，如泥土、木材、石料等，制品受材料天然具有的性质及相对落后的工艺技术和加工工具的制约，同时又受到生产者个人的素质、审美情感、制作水平、生活经验和临场发挥能力等诸多方面的影响，传统造物的"情理二元的交融"潜在地存在于制造的全过程之中。伴随着人类文明的进程，产品的设计与制造的分工日益明确，机械性手段广泛应用，现代的标准化材料如塑料、复合材料等广泛应用，设计已不再潜存于生产过程之中而确立了其重要的独立地位，促使精神情感也趋于集体协作的环境中，使得"精神情感"可批量化生产，精神情感的物欲化，在有意识地追逐个性化的过程中无意识地走向雷同。

　　本章取名为"造物依理"，这里的"理"有了更宽泛的含义，乃"情理交叉融合之理"中的"理"。这个部分首先从哲学的层面探讨造物活动中的"多因素影响之事实"，随后将造物中"情与理"的适应与限制、遵循与发挥的道理一一道出，在遵循道理的原则上寻求现代造物的创新思路，为下一章"构建当代造物之情理二元的关系构架"作铺垫。

第一节　理——适应的必然方式

出于生存的需要，人类对自然物进行了加工和改造，就产生了造物。造物，是取材于自然，以人工改变其形态与性能的过程。造出来的"物"必须能够帮助人类适应生存的需要。因此，造物一方面关涉人们对自然材料的取舍与加工，另一方面关涉人们对生活的态度和体验。兼顾这两个方面因素，是求得"适应"的必然要求。任何一个地区或种族的造物理念，都是由这两个方面的因素构成的。因此，揭示一个民族的造物设计思想的特点，必须兼顾这两个方面。

我们从中国传统造物的思想理念中可以察觉到"适应"的原则贯穿于整个中华造物文化脉络中，在本书第二章中曾有过叙述，从天人合一的造物思想到《考工记》"天有时，地有气，材有美，工有巧，合此四者，然后可以为良"的造物理念和《天工开物》对工农业生产工艺技术的总结和规范，都体现出造物中"适应"是必然选择。

一、物与人之间的关系

自人类来到这个世界，造物求生存、改造自然界就成为人类的使命，人类在改造自身生存环境的过程中形成了两种关系，即人与自然的关系和人与人的关系，这两种关系构成了人类生活的社会。从事理学的角度看，人与自然和人与人的关系背后折射的就是"人与物"的关系。人与自然的关系是指人类改造自然界的关系，包括两方面的内容：第一，人类否定和改造自然物，使其满足人类的生存需要；第二，自然世界中，人的价值如何体现？以实现自然世界对人类生存的终极关照，以维持人与自然共生的目的。前者是满足与手段的生产关系，属于人类生存的物质世界；后者是人与存在的内在关系，即人的情感与自然世界的关系，属于人类存在的价值与意义的问题。

人类不仅要从自然世界中获得维持自己生存的物，还要在此基础上理解自然世界的本质，从这个世界的本质中获得指导人类生存的本体性原则，以使得人与自然的关系除了生存需要的关系外，还能够保持一种超越生物关系的价值关系，这一点保证了人类在自然世界中的生存意义不同于动物的生存。再者，人与人之间的关系则是人类改造自然的活动的组织形式，即人类要组织起来以"社会"的形式实现改造自然界的目的。因此，人与人的关系所涉及的内容是物的生产、分配和交换，所追求的目的是生产制度形式和社会秩序的合理性，如社会生活秩序的合理与制度化、生产成果的公正性分配、社会制度的道义性安排等，以保证人与人之间能够平等地使用改造自然的劳动成果，使造物成果能够满足一定历史阶段的全部的人类及其后代的生存需要。

因为，人与自然关系包含了两个方面的内容，使得人与自然关系中的"人"也具有两种规定性：第一，人与自然的物质关系中的"人"指的是处于一定历史阶段的人群（社会），也就是说人们必须集合起来才有对自然的关系；第二，人与自然的形而上关系中的"人"，是指的人类整体，这个整体并不是一个数量上的概念，而是"质"的概念，亦指人类的自我意识、人性或人的本质。

改造自然界的造物活动是人类特有的生存方式，人类在造物中将自己与动物区别出来，创造出了人之所以为人的一切本质，这种创造人本质的造物活动应该指的是人与自然的形而上的关系。因为人只有以自然世界和动物界为参照对象，才能将人类与动物区别开来。以对比研究方式来看，人性、人的本质只有在与动物作比较中才能够显现。人与人关系中的"人"一般是指人的个人（个体）或群体，那么，人与人的关系表示的是个人与个人的关系，群体与群体的关系，而非类的概念。在人与人关系中所确立的人的本性，也只能是人的个性、群体性、阶级性，而不能是整个人类的本性。由此我们可以推断，人与人的关系和人与自然的生存关系处在同一层面上，它们之间可以发生相互影响和相互作用。只能是"人与自然"的关系对"人与人"的关系的指导，而不存在"人与人"关系对"人与自然"的关系的影响。这里隐藏着一个"物"的"链接"问题，"人与自然"的关系之间是"物"的"链接"，而"人与人"之间的关系是"非物质"的社会关系。

人从自然世界中获取生存的物质，以及运用人与人关系组织这种获取物质的活动，实际上都属于"生物竞争法则"支配权限内的活动，都没有超越生物必然性限制的范围。因为在生物界中所有结群性动物几乎都能够利用个体与个体之间的配合，即利用一定的群体形式来捕获所需要的食物对象。而人与自然的关系由于超越了人与自然的本身的生存关系，而使得人对自然世界的把握能力是人超越生物界的表现，这是人作为人的意义和价值。"人与物"的关系只有从"人与自然"的关系中"反照"，才能使人类造物与人类生存的关系具有深刻的意义。

人类的造物从"满足需求"发展到"关怀人类"是对造物本质理解的提升。海德格尔对技术的追问①，对于重新理解和认识造物理念与人的

① 海德格尔在一系列演讲和文章中对现代技术进行了分析和批判，尤其是批判现代技术对人类精神世界和自然界的摧毁。其中《技术的追问》集中论述技术和现代技术的本质的问题。他认为技术是一种解蔽方式，现代技术的本质是"座架"，是起支配作用的解蔽方式。

关系产生了重要的影响。在科技高速发展的直接推动下，现代工业设计在迅速改变人们的生活方式、提高生活效率的同时，也带来了一系列负面影响。比如：电视、电脑、手机等电子产品给人类的生活带来了精神上的享乐和工作上的便捷，但是这类电子产品报废之后所产生的电子垃圾也带来了一系列问题，如处理困难、污染环境等社会问题。同样，汽车在给人们带来方便，提高出行速度的同时，汽车数量的迅速增加也带来了交通堵塞、空气污染、噪声、交通事故以及过多地消耗能源等问题。那么，技术究竟是人类的福音，还是人类的杀手？海德格尔对技术的追问启发了我们：造物具有两面性，它既有有利的一面，也存在不利的另一面。关键是我们如何趋利避害，有效地利用物的进步的一面来消解它的负面影响。设计使得"物"具有功能与精神的双重性，使它成为极有价值的工具①。人们通过设计的预见性，在一定程度上将技术带来的负面影响在设计过程中化解，从而形成有效的人与物（人机）协调。在这一过程中，物与人的关系得到了协调，两者融为有机的整体。

体现"物"对人的关怀是设计"以人为本"理念发展的高级层次，它把造物设计从单纯的造物行为提升到心灵交流的高度，造物设计只有真正从人的需求出发，才能从本质上赢得心灵的共鸣，进而实现造物价值的最大化。

---

① 王明旨. 工业设计概论[M]. 北京：高等教育出版社，2007.

二、造物中遵循的"道理"

既然造物要受到来自自然的和人的诸多因素的影响，就决定了造物要遵循一定的规律和限制，然后在遵循的基础上发挥和创造，而这个遵循的"规律和限制"则是"道理"，是"道理"就要遵循自然因素和人的因素等诸多因素的规律。由于造物的目的是为人的生存服务，那么，这些因素便是以人的需求为中心的。

根据本书研究的核心观点，笔者以"情"与"理"两个层面为框架，归纳出人类情感因素和工艺技术因素两个部分。人类情感因素主要包括情境因素，社会文化、宗教信仰因素，人类工程因素，审美情趣等；工艺技术因素主要包括制造条件、工艺技术、材料因素、制造者因素等。这两部分因素在造物中交叉融合的应用关系便是造物中应遵循的"道理"。

（一）人类情感因素

1.情境因素

笔者在第三章中讲过，情境是主观与客观相互作用的产物，造物中的情境因素就在于外在的环境引发"人对物"或"物对人"的内在的情感。这种相互作用使得"物"的价值体现能够超出"物"本身，而体现在整个社会环境关系中。情境对于造物的作用体现在通过环境、气氛的烘托去影响人们的心理，从而引发情感，情境所带来的感受就是影响和制约造物的情感的因素，即"情"的因素。同时，情境的存在，也丰富了物的品种。因此，情境是人类与造物密切关系中的重要条件。

2.社会文化、宗教信仰因素

造物是为了满足人的需求，造物设计的目的是为了人。可以说，造物是人的需要的产物。作为生物体的人，既有来自生理方面的需求，如进食、休息；又有来自心理方面的精神需要，如艺术、文学、情感、社会尊重等。彼得罗夫在其主编的《普通心理学》教科书中认为："需要是个性的一种状态，它表现出个性对具体生存条件的依赖性。需要是个性能动性的源泉。"当然，需要不仅是个人的，还是社会的。

现代社会的造物活动是一项综合性的规划活动，是一门艺术与科学相结合的学科，造物受到社会文化观念、宗教信仰等方面的制约和影响，实际上，人类的造物活动也是一种文化活动，这个因素也使得人类造物和动物"造物"有着本质的区别，所以，在有的研究里面把人类的造物活动称作"设计的文化①"也就是这个原因。

实际上，人类的造物活动受社会文化和宗教信仰因素的制约和影响是非常广泛的和深远的。正如潘昌侯教授在《设计的文化》这本论文集的序中写道："当代的文化，被定义为设计的文化，显然是就其当代文化的结构内核而言的。这是因为，任何时代的文化形态，总是要以该时代现实的社会物质生活存在为其基础的。因而，就工业社会行将进入高科技工业社会的当代世界趋势讲，设计，既意味着当代社会生活物质基础的创造，又意味着对人类未来理想社会建设的规划和预见。"这段话无异于在说，人类的造物和文化的密切关系，人类的造物行为实际上就是文化行为。

道德是一种价值，也是价值的一种尺度。道德价值实际上即是"善"的价值，是人类高尚的道德行为、优秀品质、高尚的道德理想和人格所产生的一种精神价值。道德价值是推动社会进步、推动人类正义事业发展的

---

① 柳冠中、王明旨在1987年展示设计协会出版的论文集《设计的文化》中，将当代的文化称为"设计的文化"。

真正价值。在日常社会生活中，每个人都根据自己的价值去评价别人和确定自己的行为与品质，道德价值构成了人评价和要求自己的一种尺度。

道德与利益有着密切的相关性，在中国古代所谓的"义利之辨"和"理欲之辨"，实质上是道德与利益关系的论争。在一般意义上，道德是相对于人的精神需要而言的。利益是相对于人的物质需要而言的，它们都属于价值的范畴，在价值意义上两者都具有同一性。两者同一性是根本的，本质性的，利益是道德的直接基础，马克思主义认为无产阶级的道德基础是无产阶级的利益；道德属于上层建筑范畴，是由其经济基础决定的，社会的经济关系亦总是由一定的经济利益表现出来的，因此，人类的道德随着经济的需要而发展，即适应着社会实践的需要。当然，道德与利益之间有着多重复杂的关系，有的要根据具体情况而论。道德价值作为"善"的价值，在产品设计上，是由产品的合目的性所体现出来的。产品的合目的性，主要表现在实用功能和审美功能方面，人类为了适应自身的需求而进行的产品设计和生产，实用价值和审美价值是造物的基本目的。对于设计而言，合乎上述目的即是"善"的、有道德的。在设计上，道德价值的体现也有不同层次，首先是实用价值的满足与保证，为人所用的产品如果不能合乎其目的性即是一废物。人类造物的根本目的是满足人的需要，人与周围世界的一切对象性关系，也是以需要为根本前提的。

3.人类工程因素

人是自然的产物，人经过了数百万年的进化，形成了一个复杂的生物系统，包括运动系统、神经系统、内分泌系统、循环系统、呼吸系统、消化系统、泌尿系统、生殖系统等多个分系统，各分系统又有自己的子系统，有着不同的结构和功能。人体是一个复杂的系统，当人类造物发展到20世纪时，以人为主体的造物理念的确立，促使人开始关注自身复杂的系统结构及人与物关系，人机工程学①（有的学者也称为人因工效学）和人类心理学由此产生。人类工程因素是在理解和把握人体自然尺度的基础上，充分了解人类的工作能力及其限度，使造物合乎人体解剖学、生理学、心理学特征。

　　"物要适应人的生理和心理因素"这是造物活动的基本理念，是"造物应同时满足人们的物质与情感需求"的基本体现，人类工程因素涵盖"人与物"之间的关系，反映的是"人与物"交流层面上的问题。人机工程因素反映在造物领域主要在以下几个方面：第一，为工业设计全面考

---

　　① 人机工程学，在美国有人称之为人类工程学"HUMAN ENGINEERING"、人因工程学"HUMAN FACTORS（ENGINEERING）"，在欧洲有人称之为"ERGONOMICS"、生物工艺学、工程心理学、应用实验心理学以及人体状态学等。日本称之为"人间工学"，我国目前除使用上述名称外，还有译成工效学、宜人学、人体工程学、人机学、运行工程学、机构设备利用学、人机控制学等。人体工程学的命名已经充分体现了该学科是"人体科学"与"工程技术"的结合，实际上，这一学科就是人体科学、环境科学不断向工程科学渗透和交叉的产物。它是以人体科学中的人类学、生物学、心理学、卫生学、解剖学、生物力学、人体测量学等学科为"一肢"，以环境科学中的环境保护学、环境医学、环境卫生学、环境心理学、环境监测技术等学科为"另一肢"，而以技术科学中的工业设计、工业经济、系统工程、交通工程、企业管理等学科为"躯干"，形象地构成了该学科的体系。从构成体系来看人机工程学就是一门综合性的边缘学科，其研究的领域是多方面的，可以说与国民经济的各个部门都有密切的关系。由于社会分工不同，分为职业性和非职业性两类。职业类指在物质文明和精神文明创造活动中对工具、设备、环境进行设计、加工的专业活动，在这个范畴中运用人机工程学以便创造符合人的生理及需求的、高效的、优化的和完美的"人—机—环境"系统；非职业类指自我服务性范畴，如家务活动，休息及娱乐活动等，在这个范畴中，运用人体工程学以便创造出高效率、减少疲劳、有利于身心健康的高质量生活。总而言之，人体工程学不仅有利于专业化分工的专门性创造活动，也有利于人类大的生活领域；不仅适合对生产工具、设备及环境的创造，而且适合人们整个生活、娱乐、休息、工作、学习等各领域。

虑"人的因素"①提供了人体结构尺度、人体生理尺度和人的心理尺度等数据，这些数据应有效地运用到造物中去；第二，为设计活动中的"物"的功能提供科学依据，现代工业设计中，如进行纯物质功能的造物活动，不考虑人类工程因素条件的制约，那将是造物活动的失败。因此，如何解决"物"与"人"之间的各种功能的最优化，创造出与人的生理和心理机能相协调的"物"，这将是当今造物活动中，在功能问题上的新课题，人体工程学的原理和规律将是设计师在产品设计过程中考虑的关键问题；第三，为造物中考虑"环境因素"提供设计准则，通过研究人体对环境中各种物理因素的反应和适应能力，分析声、光、热、振动、尘埃和有毒气体等环境因素对人体的生理、心理以及工作效率的影响程度，确定了人在生产和生活活动中所处的各种环境的舒适范围和安全限度，从保证人体的健康、安全出发，为工业设计方法中考虑"环境因素"提供了设计方法和设计准则。

再来讨论心理学方面的因素。现代心理学研究表明：人的行为是由动机支配的，而动机的产生主要源于人的需要。一般而言，人们的行为都带有目的性，常常是在某种动机的策动下为了达到某个目标而付诸的行动。因此，需要、动机、行为、目标构成了人类行为活动的结构，不断循环和发展。

---

① "人的因素"所包含的人体尺度参数：应用人体测量学、人体力学、生理学、心理学等学科的研究方法，对人体结构特征和机能特征进行研究，提供人体各部分的尺寸、体重、体表面积、比重、重心以及人体各部分在活动时相互关系和可及范围等人体结构特征参数，提供人体各部分的发力范围、活动范围、动作速度、频率、重心变化以及动作时惯性等动态参数，分析人的视觉、听觉、触觉、嗅觉以及肢体感觉器官的机能特征，分析人在劳动时的生理变化、能量消耗、疲劳程度以及对各种劳动负荷的适应能力，探讨人在工作中影响心理状态的因素，及心理因素对工作效率的影响等。

　　人的需要，主要指人对某种目标的渴求和欲望。欲望从根本上来说是一种心理现象。行为研究者通常把促成行为的欲望称为需要。人的需要如同人的生命过程一样，处在不断新生与变动之中。需要是产生人类各种行为的原动力，是个体积极性的根源。人们为了生存和生活，必然产生各种各样的需要，如衣食住行用的需要和其他需要，只有满足这种需要才有保障生存和生活下去的可能。因此，人的行为自觉不自觉地、直接或间接地表现为为满足某种需要而努力。哲学家把人的需要解释成客体和主体、需要的对象和需要的主体的状态之间的关系，这是主体现有状态和主体应有状态之间的"失调"的矛盾关系，当需要得到满足，矛盾即消解。①

　　感觉系统是人体接受外界不断变化着的事件或刺激产生感觉和反应的机构，具体可分为视、听、触、动、味、嗅等系统。感觉系统所面对的是一个永远变动着的，由一系列的光、色、形、声、嗅、味、触组成的感觉世界，这个世界是一个感觉和知觉的世界。感觉系统一般由三个部分构成：一是直接接受刺激的部分，如眼、耳、鼻、舌、皮肤、肌腱、关节等；二是感觉神经；三是神经中枢，主要是大脑皮层的感觉区。感觉系统的功能在于探索环境中的变化并将信息传到脑中进行处理。

　　在人类的感觉系统中，视觉系统占有主导地位，我们对环境信息做出的反应，80%以上是经过眼睛传入大脑的。视觉的主要刺激来源于光，眼睛将环境中物体所反射出来的光线聚集在视网膜上，视网膜上的感觉细胞将收到的光刺激转化为神经活动。仅次于视觉系统的是听觉系统。听觉系统包括耳、传导神经和大脑皮层听区三部分。人的"设计"非凡的耳朵将环境中的声音传进内耳受纳器的毛细胞，从而产生听觉。听觉是从声波

---

　　①[保]尼科洛夫. 人的活动结构[M]. 张凡琪，译. 北京：国际文化出版公司，1988.

沿耳道传布使鼓膜发生振动开始的。专业研究认为，人对听觉信息的接受处理主要是靠信息编码的方式来完成的，在感觉系统中，还有动觉、肤觉（包括触、压）和嗅觉、味觉等，各自的功能结构不同，其感觉形式也不一样，是造物设计中必须充分考虑的因素。神经系统支配和调节着人体一切器官的活动和人的行为。神经系统分为中枢神经系统和周围神经系统两部分。中枢神经系统包括脑和脊髓；周围神经系统指脑和脊髓以外的神经系统，包括脊神经和脑神经。从生物学的观点看，人的一切活动都是一种反射活动，这种反射是神经系统参与下机体对来自体内外刺激的反应。反射活动分为非条件反射和条件反射两大类。非条件反射是本能的，只要神经系统生长发育到一定程度就会出现，这是包括低等动物在内的主要神经活动方式，愈是低等动物，其生存活动愈依靠非条件反射；条件反射是后天的，靠学习而形成的，具有极大的可变性，是人类适应生存环境的变化的基础。

通过神经通路人体能实现活动的反馈调节，人作为一个高度自动化的系统，人的躯体活动依靠着正、负反馈进行调节，最终实现各种有目的的活动。

造物的目的是为人服务。因此，其中心是人而不是物。人类工效学从科学的角度为造物设计中实现人—物—环境（社会）的最佳匹配提供科学的依据。人类工效学是研究人的生理和心理的自然尺度的科学。如其中的工程人体测量学，研究和分析产品设计时所需要的人体参量，并将这种参量合理地运用到设计中，目的是在人—物—环境系统中取得最佳的匹配。对于造物而言，人类工效学是必备的条件之一，来自人的生理和心理的相关数据是设计时必须遵循的主要数据。从人与机器系统进而到人与环境空间系统的设计方面都需要人类工效学测量数据的支持。在一些特别的、有特殊限制的空间中，人体尺寸更是重要的依据。如所谓的最小工作空间，即进行作业所需的最低限度的工作空间，必须依据人体尺寸进行设计；最小的通道或入口不能小于人体尺寸；最小尺度的手柄也必须使人的手能伸进去缩回来；汽车驾驶座椅的尺寸最小也要让一个正常的人能够自如地坐进去；楼梯的踏步的宽度、自行车车身长度和高度都需以使用者总体的人体尺寸为依据……这方面的案例还有很多，在此就不一一列举。总之，对人类的生理领域的研究是当今的造物设计最基础、最常规的研究项目，它不仅为设计提供了人的生理方面的尺度，更重要的是说明了造物的视点从"物"转移到"人"，形成了一个新的思考问题的方式，对原有对象的认识有了一个更新的角度，发现了一个新的价值创造体系。

通过以上讨论，说明了人类工程因素的思考为工业设计开拓了新设计思路，并提供了独特的设计方法和理论依据。

4.审美情趣

本书第三章以"触物生情"为题，其中一个主要原因就是"物"带给人的第一感觉和由感觉产生的情感，而这个能够带来感觉的东西就是物以"造型"形式存在的，人的感觉方式则是视觉、触觉和嗅觉，而物的"造型"能够使人产生"情"的直接原因就是，除了"造型"满足了一定的实用功能之外，"造型"的美感因素是重要原因。

一般而言，人类造物有两个起码的要求，或者说其产品必须遵循的原则：一是所造之物应具有一定的功能；二是作为物存在的形态。功能即使用的价值，是产品之所以作为有用物而存在的最基本属性，没有功效的产品是废品，有用性即功能性是第一位的。如前所述，使用价值根植于人的生命价值，其他价值是在此基础上生发出来的。由于实用价值（物的功能价值）能满足人存在的需要，合乎人的目的性，因而使人感觉到满足和愉悦，进而体验到一种美，即功效之美。在产品的设计与生产中，功效与美是联系在一起的，是产品设计的一种本质性的存在。

　　造型的功能也是一种美的体现,以物质材料经工艺技术加工而获得的功能结构的价值为前提,以与之适应的感性形式的统一融合而确立。功能美的因素,一方面与材料本身特性的发挥有关;另一方面标志着感性形式本身符合美的形式规律。法国学者查理斯·拉罗把工业产品的美分为五个范畴:一是功能的结构,功能的结构自身是美之外的东西,只有当它与其他结构统合时,才显出美的意义;二是材料的结构;三是有机的结构,拉罗认为机械或产品也和有生命的东西一样,包含着各种器官,有主要的,有附属的,从美的观点看,主要的器官优于附属的器官,其重要性的显著程度决定了人的喜好;四是形式的结构,形式结构是功能结构的互补,包括几何学图形、对称、均衡、色泽、光洁度等诸多形式要素;五是环境的结构。这五种结构作为基础结构,整合成一个"超结构",是各结构互为依存、作用而形成一个整体所获得的美德意义。拉罗的这种分析将功能结构作为整体系统结构的一部分,美是各部分协调的产物,其中包括功能之美。

　　造物的功能美理论大致有两个方向:一是"形式服从功能"的理论价值与意义,作为功能论者的第一个重要主张就是建筑师沙利文提出的"形式服从功能"的口号。从产品设计的本质特征而论,形式服从功能是正确的、基本的。作为为人而用的产品其形式必然来自功能的结构,而不是来自于形式。几乎所有的产品,包括手工业产品,它们的形式都是由功能决定的。这个口号的提出,在当时反对工艺生产和建筑中的虚饰之风具有积极的意义。在今天看来,这句口号有一点"功能至上"的片面性。我们从理论上看,功能和功能主义是两个完全不同的概念,强调功能与提倡功能主义也是两个完全不同的主张。强调功能,是强调功能在诸多因素中的重要性,而不排斥其他因素;而功能主义则具有排他性,就是指非功能的一概不要。因此,"形式服从功能"的理论是积极的,功能主义则是消极的、片面的。二是"合理的功能形式是美的形式"，功能的形式是一个相对的范畴，功能与形式密切相连。一个合理地表达了内在结构或适当地表现了功能的形式应当是一个美的形式，这就是中国古代所提倡的"美善相乐"的思想，合理的功能形式是一个好的善的形式，因此也是一个美的形式。我们看到，原始石器工具中的箭镞、手斧、刀等工具的功能结构的完善是与对称、光洁、美等目的形式联系在一起的，这种建立在实用、合理甚至典型结构上的功能形式，不仅因为好的即善而美，它在自身形式上也具有美的形式要素。

当然，物的有用性和功能价值各有特点，从美与功能的相互关系而言，只要真实而完美地表达了结构和功能的形式，没有虚饰，又充分考虑到人的合理性要求，无论形式处于什么样的层次，都可以说是一种美的形式，或具有美感的形式。苏联著名的飞机设计师阿·安东洛夫曾经说过，在实践中常常是技术上愈完善的东西，在美学上也就愈完美；反之，如果一个构件表面很难看，那么这将是一个信号，表明它的内部很可能会有一些技术上的失误和欠缺。作为功能美的形式，不仅因为功能结构的形式本身适应着不同场合和实用的要求，而且这种功能形式还与真、善相联系。日本著名美学家竹内敏雄曾经在就自然美、技术美和艺术美各领域美的价值与功效价值特别是实利价值的关系进行解析时认为，自然的诸对象既能以美的态度进行观照，又可以实用功利的态度使用它，因而这些对象如具有符合这两种意识态度的性状和质地，就可以同时是美的又是有用的。自然的产物从理论的、实践的以及美的态度的任何一方面来看，都是开放性的；而人工的产物，作为纯艺术品，其自身则被限定在作为美的对象的层次上而被观照；技术领域的工艺，则被限定在为它以外的某种功利的目的而使用，这种被使用的工艺造物，与艺术品具有的功效一样，是按照美的规律、考虑到美的效果、希望唤起人的美感而被制成的。这就是说，艺术设计的产品既是实用的对象又是被观照的审美对象,它与纯艺术品、与功利无关的纯粹形态相反,是充分符合制作目的的有用的美物。也正因为它有用才伴随着美的效果,如现代巨大的军舰、航天飞机都是极为实用的功能结构,其形式又使人感到美,是一种高度的技术美、合理的功能美。因此在艺术设计领域内,合理的功能形式是一个美的形式,它是用与美的统一体,是用与美的特质结合统一的具体表现。

笔者认为,人类最初的造物行为,满足使用功能需要的驱动力是第一位的,当人类因为创造物质而获得技术的发展之后,对于"物"的审美需求日渐成为造物行为的重要驱动力。

(二)工艺技术因素

1.制造条件

造物中的制造条件包括制造环境和生产条件,制造环境包括了原材料采购、运输、配套协作条件、生产力资源等,生产条件包括了生产设备、能源供应、污染物排放条件等。造物中的制造条件是一个庞大的系统,特别是对于现代化的生产制造来说,只有整个系统正常有效地运转,才能保证造物活动的进行。

2.工艺技术

"技术既有有利的一面,也存在不利的另一面。"海德格尔的这段话同时也提醒我们,工艺技术与造物有着密切的关系。我们知道,设计的目的是使"物"的外观、性能与结构相互协调,确保"物"能够满足人的使用和美的享受。而工艺技术是使"物"实现从无到有的手段和方法,正如工业化的生产技术把人类从手工造物的时代带入机器批量造物的时代,同时也促使设计与制造分工。合理地运用工艺技术是造物的基础,技术的进步也给物的创新提供了重要的保障。

3.材料因素

诚如世界是由物质构成的一样，一切人造物都是由一定材料构成的。材料是人类造物活动的基础，作为宇宙大千世界中的一部分，材料的特性使其能制造工具、用品、建筑、装饰品等人造物。[①]石材、木材、金属、塑料、复合材料等材料，是人类构筑、造物所必不可少的物质要素。材料又同其他要素一样，是可变的、发展的，正如人类造物的历史就是以不同特性的材料来划分的，石器时代、陶器时代、青铜时代、铁器时代、人工合成材料时代等。

当今，材料科学对于人类的生存和发展依然起着至关重要的作用，随着材料科学的发展，各种新材料层出不穷，为人类造物创造了更加丰富的应用素材。丰富的材料带来了设计上的多元化时代，同时也给设计提出了许多新问题。如何选择材料？以什么作为选材标准？对于这些问题，应以本书研究的核心观点——"情理融合"的系统构建作为基础回答，只有以适应、适合为选材原则，才能使材料因素发挥得更加完美。

4.制造者因素

从传统手工造物的角度来看，制造者是生产和设计的一体化；从现代生产制造的角度来说，制造者和设计者是同一造物过程的两个阶段。传统手工造物的制造者的素质影响造物的设计和生产两个方面，而现代生产制造的造物者只影响生产制造方面。当然，现代生产层面的"制造者"因素还应该包括生产管理制度、管理水平等。

---

① 郑建启，刘杰成. 设计材料工艺学[M]. 北京：高等教育出版社，2007.

三、"适应"的必然

再回头看本书的第二章对"情"和"理"的属性的归纳。我们将"情"和"理"两个方面的属性放到一起，就会发现它们有很多相互矛盾和抵触的地方，即便在人类造物的历史中，我们也不难发现，造物的工艺技术和人类情感在很多地方相互矛盾并产生了激烈的碰撞，同时也彼此限制和依赖，这就是两者相互作用的关系。根据本章的叙述和分析，"情"与"理"都是造物中必须遵循的原则，这里讲的必须遵循则是由"情和理"的属性产生的内因和外因决定的。试着分析一下，造物中对于工艺技术的采用和审美情趣的关注必然受到来自社会、环境、宗教等外部因素的影响，而造物中"情"和"理"各自的属性特征又使它们相互矛盾，这些矛盾和影响使得每一个因素都不能单独发挥作用，那么，唯一的办法就是综合分析外因影响，各因素原理相互交叉应用和相互谦让，以适应性为原则，以最佳的方式协调"情"与"理"之间的矛盾。

设计的解决之道，综合协调问题就是融合的手段和方法，适应性是必然的原则。

第二节　物——人的需求表现出的形式

造物的最基本意义是为了满足人类生存的需要。作为"物"存在的价值，就在于它服务于人的需求，那么，人类有哪些基本需求？人的需求所表现出来的形式是什么？解释这些问题有助于理解"物"的存在价值和"物"的评价标准。

　　美国社会心理学家A.H.马斯洛先生在20世纪40年代发表的《人的动机理论》一书中，率先提出"人的动机产生于人的需求""激励源于人对需求的满足"等论断。为了阐明这些论断，他主张将人的基本需求划分为五个层次， 其排序为：生理需要、安全需要、交往需要（社交的需求）、尊重需要（自尊的需求）、自我实现需要（成就的需求），并且由低向高排列呈金字塔结构。这个动机理论模型的创立，极大地推动了人本学说的发展，促进了心理学与哲学的交融。

　　所谓动机，是指为满足某种需要而发生某类行为的念头或想法。它是促成人们行动的内部动力，是激发人们的行为以达到一定目的的内因即活动的动因。它不仅引发人们从事某种活动或发生某类行为，而且规定行为的方向。如饥饿作为动机，常引发觅食的行为。动机是在需要的基础上产生的，行为科学认为，当人的需要还处在萌芽状态时，它将以不明显的模糊的形式反映在人们的意识中，导致不安之感的产生，这时就成为意向。如需要程度较弱，意向常被人忽视，随着需要程度的增强，意向转化为意望，即需要。动机导致行为的产生。人与动物的行为不同，人的行为特点在于人是理性的，有能力从具体的情境中进行抽象，并预测其后果。

　　需要引起动机，动机支配行为，需要和动机成为行为的原因。而人的任何行为都表现出一定的目的性，期望达到某种成就或结果，这里，行为是需要和目的之间的过程和中介。从这一点来看，人的造物行为，首先植根于人的生存和生活的需要，所谓"需要是发明之母"，人的造物行为是在人类需要的基础上产生的必然的行为。

　　从人类发展的历史来看，造物行为把人与动物区别开来。造物行为与人的需要相联系，而人与动物都有需要，有的动物也能简单地进行造物，但人的需要与动物的需要有本质的区别，人的造物与动物的造物也有根本的区别，动物的需要完全是天生无意识的需要，而人的需要则不仅来自身体天然的欲求,而且是人类自己创造出来的多种需要。人不仅满足需要,而且创造需要。

需要作为生物体的基本属性,它既是规范,又是一种自我适应、自我调节的机制。尼科洛夫认为在需要中存在三个不断得到充实的属性:一是生物体最基本、最普遍的按照一定程序发挥功能的属性,程序中生命过程的运动参数,包括整个生命过程和各种组成要素之间的关系;二是机体对上述关系的现实状态做出反应的属性,如不满足时的恐惧与不满,满足时的轻松、愉悦;三是机体活化、自我调节和调动的各种适宜的能动性形式的属性,这一属性为相应的生命过程正常发挥功能提供保障。[1]尼科洛夫的三种属性揭示了人的需要在哲学意义上的三个层次,功能属性属于生物层次的反映,而自我调整的能动性则是人的类属性的反映。

由于造物总是以人的需要为导向的,它首先把为满足人的生存基本需要的那些物品如各种生产工具、生活用具等放在第一位。在适应人不同层次的需要的过程中,又产生了造物生产中诸如审美之类的精神文化因素,并形成了陈设欣赏品类。人类造物中众多的陈设工艺品、宗教工艺品等的产生,就是适应了人的多层次的情感需要和物质需要的结果。从人的需要的丰富性来看,高层次的需要往往是人自己创造出来的,是人自身本质力量的体现,正因为有这种能力和力量,人才能超越动物性走向更高一级的文明。

从造物的角度而言,人通过造物的方式实现需要的满足,需要满足的同时也意味着目标的实现,而目标的实现本身也是人的一种需要,我们在

---

① [保]尼科洛夫. 人的活动结构[M]. 张凡琪,译. 北京:国际文化出版公司,1988.

满足需要中实现了自我确证，造物的成功构成了进一步活动的基础，也构成了新的创造活动的基础，并产生和满足了新的需要。

一、技术为人类需求的物化手段

何谓物化？物化这一术语首先由匈牙利哲学家卢卡奇在20世纪20年代初提出，"它的基础是，人与人之间的关系获得物的性质，并从而获得一种'幽灵般的对象性'，这种对象性以其严格的、仿佛十全十美和合理的自律性（Eigengesetzlichkeit）掩盖着它的基本本质，即人与人之间关系的所有痕迹"①。在这样的一种关系中，人与人成为物与物的虚拟形式，人的活动成了他的对立面。

卢卡奇基于社会生产方式和社会现象从两个方面论述他的"物化"理论。一方面，他分析了资本主义社会的物化现象。生产力水平的提高为人的生活世界提供了大量的产品，产品进入流通领域形成商品，使商品交换成为可能，并最终构成了资本主义社会的物化现象。物化现象是生活在商品社会中每一个人必然直接面对的现实。另一方面，卢卡奇对于如何导致这种物化现象进行了剖析。他认为现代技术对于纯粹的物化事物缺乏全面系统性，"只有在这种把社会生活中的孤立事实作为历史发展的环节并把它们归结为一个总体的情况下，对事实的认识才能成为对现实的认识。"①现代技术不能从总体上把握事物，技术只是现代化大规模生产方式的一个手段。

---

① [匈]卢卡奇. 历史与阶级意识——关于马克思主义辩证法的研究[M]. 杜章智，任立，燕宏远，译. 北京：商务印书馆，1992.

从另一个角度讲，设计是物化前期规划。设计的直接产物就是产品，当这一活动在特殊的、异化的条件下进行时，设计活动也就成为物化现象，设计产品的创制就是物化最典型的表现形式。在工业化社会中，设计生产的产品进入社会流通领域成为商品，成为可感觉、超感觉或者社会的物。产品是由人设计、生产出来的，是人思想的产物。它一旦进入人生活的世界，就成为独立的事物不再依赖于人，甚至统治和决定着人的命运。这样一种物化的观念，不仅仅只是表现在产品的创制上，还表现在由它所构建的"物与人"的关系上，进而延伸到人的心理、意识、行为、情感等各方面所产生的各种物化意识，将人自身转化为物。如果我们只是片面地理解物化的概念，将使我们和自己生活的世界缺乏任何联系，使人成为单向度的人，从而丧失了对于人类造物的正确的、全面的理解和判断，也就无法创造和发展。

对于设计活动而言，设计中的物化现象可以从两个方面来理解：

一方面，将思想观念转化为具体的产品，将思想以明确的方式表现出来。思想首先显示为人的大脑的活动。这种思维活动不能等同于人的双手双脚的活动，也不能等同于人的五官的感觉，而是显现为"人的思考"和"人的情感"，但是"思想根本不能实现什么东西，为了实现思想，就要有使用实践力量的人"。为了将思想付诸实现，就必须将其显现为具体的人造物的形态。但思想不能物化，物也不能使思想物化。能使思想物化的，唯有人。人通过设计实践活动，将思想中形成的观念、方案转化为产品。在这样一种过程中，产品成为思想的产物，设计活动也就得以生成。

整个设计活动由"人思考某个事物"出发，思考的事物可能是不存在的，设计活动就要将这个不存在的转变为现实的事物，或者说将大脑中的形象赋形于物；思考的事物也可能是存在的，但并非完美的，这就必须将其欠缺揭示出来，对其进行修正以期达到完美。设计的过程就是将人的思想转化为物质形式的过程，设计作品就是承载设计师思想的载体。对于一名设计师而言，设计作品是在一定的文化背景下形成的，这也要求设计必须具备一定的文化背景，作为一名设计师应该是一个有思想的和能思想的人。

另一方面，作为思想显现的产品也会反过来影响人的生活方式，将人物化。设计活动最终呈现为物化的形态。通常人们所思考的事物需要借助于一定的形式将它表达出来，设计承载着将人所思考的事物表达出来的功能，也就是思想的物化。"可以被思想的东西和思想的目标是同一的；因为你找不到一个思想是没有它所表达的存在的物的。"①但不断物化的现代社会给人提出新的问题，设计活动不仅使人的思想观念物化为产品，同时在它所创制的人为世界中也使人与人之间的关系物化了。

在我们所处的生活世界中，设计也渗透到各个方面。小到一枚别针，大到一栋摩天大楼，无不是通过设计活动将人的思想物化的结果。"物态文化层对设计的影响也是一种显性影响。这就是说物质文明的成果直接体现在设计中，设计也在直接创造物质文明。"②在批量生产的工业化时代，设计把人的思想寄寓于产品之中，并成为一种人的时间形态，在创制产品功能的同时也在改变着人的生活方式。设计活动已经广泛地影响着我们的生活，未来一切物化的行为都将经过设计进入我们的生活世界。为了使这一过程顺畅与和谐，设计就构成了人与物的桥梁，在人改造物的过程中，使物的有用性合乎人的人性，又保持物之物性，使人与自然和谐共生。

纵观人类造物活动的历史，可以将整个造物活动理解为思想观念的物

---

① 北京大学哲学系. 西方哲学原著选读（上卷）[M]. 北京：商务印书馆，1981.
② 陈望衡. 艺术设计美学[M]. 武汉：武汉大学出版社，2000.

化，而非技术手段的物化。手工业时代，物的创造主要是依靠手工艺人本身的技艺手段，现代化的工业技术对于造物来说，也只是手段上的变化而已。

二、物为"情理融合"的表现形式

事物，有事才有物。我们祖先创造的语言是非常符合逻辑思维的，这里的"物"是反映"事"的，而这件"事"就是人类的需要。

美国心理学家马斯洛在1943年所著《人的动机理论》一书中提出，人的需要从低到高可分为五个层次，即马斯洛的需要层次论：生理需要、安全需要、交往需要、尊重需要、自我实现需要。（1）生理需要：衣、食、住等基本生存需要。人类最基本的生理需求是指饥饿了需要食物，渴了需要饮料，御寒需要衣服，居住需要住所，身体有病需要治疗等。这是维持生命的基本要求，若不能满足，人类就无法生存。这是动机理论的出发点与根本。一个缺乏食物、安全、爱和尊重的人，很可能对食物的渴望比别的东西更强烈。（2）安全需要：对和平、安定和良好的社会的需求，对人身安全、生活工作保障的需要，有一定储蓄，工作稳定，工作有保护，有失业、健康、养老保险，接受培训等；（3）交往需要：社交需要，友情需要，归属需要。当生理需求和安全需求得到满足时，个体就会出现爱、友谊和归属的需要，如渴望父母、朋友、同事、上级等对其所表现的爱护和关怀、温暖、信任、友谊，渴望爱情等。人们还渴望自己有所归属，成为团体的一员。（4）尊重需要：在交往需要得到一定满足之后，作为社会人都有自尊、自重、自信的需要，希望他人尊重自己的人格，希望自己的能力得到他人公正的承认和赞赏，要求在团体中确立自己的地位，这种需要可以分为两个方面。一方面要求和希望自己有价值、有实力、有成就和有信心，能独立与自由（自尊）；另一方面要求得到名誉与威望，希望自己的工作得到社会的肯定和认可，能得到赏识、重视和高度评价（他尊）。当然这种需求的满足可以使人自信、积极，受挫会使人产生自卑、软弱和逃避心理。（5）自我实现需要：当以上需求逐一满足时，人又渴望能实现潜能和自我价值、成就个人理想和抱负、个性张扬等，得到人生最大的快乐，可以做与自己能力相称的一切事情。马斯洛提出的这五种需求，有点像梯子，互相关联，逐级而上，有一个相对固定的顺序关系，但实际上远非我们认为的那样的刻板，多数只是遵循这样的层次顺序而已：低一级需要得到基本满足后，高一级需要就成为行为驱动力，多种需要同时并存，其中优势需要主导人的行为。

第三节　依——造物中"道理"的遵循与应用

造物是一种创造形式的活动。哲学家认为人同自然界的物质交换实质上是形式的交换，这里，无论是人的客体化还是物的主题化，都表现为一种形式的变化。在造物中更是如此，人按照自己的内在尺度，按照美的规律去建造，实际上是一种形式的建造。通过设计、工艺加工过程、改造和塑形，使原有的对象发生质的变化，产生新的形态和结构、功能，这亦是劳动，是设计的对象化。人在这种对象化的过程中，不仅设计生产了为人所用的产品，满足了自身的需要，也确立了人自身的价值，确证了人存在的价值和伟大意义。

正如前面讲到的"造物反映的是人和自然的关系"，既然造物要满足人的需要，那么所造之物就应该适应和协调人的需要的变化和发展属性、人和自然环境的关系，而这个适应和协调就是造物中要遵循的"道理"。

一、造物中"道理"的遵循

前面讲到，造物中的"道理"是情理融合之理，下面我们来看看造物中如何遵循"情理融合"的规律和法则。

中国传统的造屋选址尤为重视山水的"来龙去脉"和树林的遮挡、藏气纳风等规律和法则。本书第二章在归纳传统造物之"理"的部分中讲了乡村选址的案例：古徽州村庄选址，特别重视"水口"，"绿树村边合，青山郭外斜"，山光水色与民居、田园交相辉映，貌不惊人的村落，却蕴藏着和谐感人的情感魅力。传统的风水说对于民居的选址归纳为"阳宅需教择地形，背山面水称人心。山有来龙昂秀发，水须围抱作环形。明堂宽大斯为福，水口收藏积万金。关煞二方无障碍，光明正大旺门庭"。撇开这里面的谶纬意识不论，这样的建筑选址，对通风、采暖、采光、给排水等居住环境因素的技术原理进行综合考虑和遵循，形成良性的生态循环，不仅充分考虑人的生存需要，还满足了自然界因素的平衡需要，同时满足了人对山水美的精神需求。

传统造物如此，现代造物又何尝不是如此？现代的产品设计及制造同样也是一如既往地遵循着技术原理。

案例——储水式电热水器

市场上众多电热水器品牌为什么都不约而同地选择圆柱体（图4-1）的外形结构？为什么市场中没有太多异形的电热水器？这是因为圆形的中心点到四周的距离相等，使得结构稳定、受力均衡、容积较大、抗压能力强，所以圆柱体电热水器能更加节省材料，降低成本，同时也易于生产。可谓技术原理决定了内部结构，结构限制了产品的外形，同时也决定了产品的成型工艺。如图4-2所示，潜艇因为需要更大的空间承载货物，同时在潜入海底时需要更大的抗压能力，所以也采用受力较为均衡的圆柱结构。

图4-1　电热水器　　　　　　　　图4-2　潜艇的剖面图

再看《考工记》中是如何遵循造物的"道理"，本书第二章第五节里面已经介绍过，《考工记》建立了合理完善的管理体制，制定了模数化、标准化的生产模式，还提出了严格规范的质检标准。这其中"圆者中规，方者中矩，立者中悬，衡者中水"的工艺规范千百年来仍被人们沿用。"模数化"是现在工业生产中需要大量运用的尺度和比例，它是按某一特定比例关系和规律组成的数系，具有标准化制造的意义，从《考工记》里我们可以看到模数化、标准化的生产制度在手工艺制造中的应用。《考工记》对造物工艺技术规范的描述，体现出传统造物过程对规律的遵循。

从传统造物思想中，可以看出：人的需要的变化和发展属性、人和自然环境的关系的适应和协调是造物中遵循的一贯"道理"。

二、造物中"道理"的应用

　　造物的设计、制造的过程，是一个将需求形象化的过程，这一过程应充分体现人的主体性和能动性。如果说人和动物都在为需求而造物，那么，动物只是按照它的自身所需进行"造物"，而人则能够按照任何需求来进行，就是说人既可以按外在的（社会的）需求，又可以按内在的需求进行造物活动。与动物相比，人按照任何需求进行生产和设计，即认识各种客观对象的属性和规律，并利用它来改造对象，体现出"情理融合"在造物中的应用。

　　从对中国古人造物文化的研究归纳的"应时而动""随地所宜""因人而异""因材施艺""述而作之"①的造物思想中可以显现出"情理融合"的应用之道，非常深刻。在这个"天—地—人"中国传统造物思想框架中，造物设计的文化意识和工艺技术交叉融合，并施以巧妙应用。

　　《考工记》中的这一段叙述："天有时，地有气，材有美，工有巧，合此四者，然后可以为良。"从中可以看出最早的关于地缘时尚特征的论述。材料的品质，加上工艺的精湛，一直以来是人们衡量器物的主要依据。即便当今，这样的评价体系依然是有效的，将时机作为造物时尚的元素，抓住社会时间变化的契机"顺天行，应时变"；而将地域文化（产品文化特征）作为造物设计的核心，有效地运用不同地域的地理环境和人文环境的限制和特征因素，充分利用地理资源，符合人文特性等方法，是现在造物设计常用的手段。即便是经济全球化的今天，在产品制造标准化，时尚成为设计目标的时候，"天有时"与"地有气"仍作为设计的原则加

---

　　① 胡飞. 中国传统设计思维方式探索[M]. 北京：中国建筑工业出版社，2007.

以遵循。

对于造物历史的研究，其实并不是为了证明什么，而是为了揭示在传统造物思想中蕴藏着由来已久的关于设计学科的融会贯通的思想。这就是对变化，对地属文化、地理、气候、习俗等地缘因素的关注，体现的是一种客观的科学态度，一种对各地不同民族与文化的尊重，一种造物设计应与使用者的生活相关联的理念，一种在具体的时间、空间的交汇点上的人与周围的和谐的观念。

第四节　造——突破与创新

一般认为，造物的发展在于技术的突破，技术突破才有造物的创新。持有这个观点的人不在少数，这是因为传统造物随着技术的进步而发展，这一观点为现代人所认可。现在的问题就在于，现代造物中的"情"的外延扩大了，随着人类工业化进程的脚步急剧扩张，全球化带来的文化问题，物质生产工业化带来的环境问题，大量造物带来的能源消耗问题、生态问题等，这是现代人类在工业化大发展初期始料未及的。

一、造物发展的手段——技术突破

造物的进步总是以科学技术为主要突破口。在工业革命之前的漫长历史时期，人类的造物技术停留在手工艺制造方式上，但人们的造物观念却是整体的，这一点在前面的研究中已经得以证明。可以看出，传统造物符合"情理交融"的道理和多元文化之本，因为各个地域的造物文化所反映出来的"结果"是丰富多彩的。但是，当人类为了自身的发展，将目光单一地集中在发展技术的时候，造成的结果是造物缺乏生命力、缺乏审美情感和精神气质，造物失去了传承的价值。在中国古代青铜器时代和瓷器时代发展的末期，由于一味地追求技术和装饰上的炫耀，青铜器时代和瓷器时代走向了衰亡。柳冠中在《科学的艺术与艺术的科学》一文中讲道："上几个世纪，科学在工业革命中被分离出来——我们现在称之为小科学时代。由于当时科学家能在具有大量空白的基础上，向纵深迅速开拓，使人们陷入一种由于工业革命以来大分工的惯性漩涡里，将本来由多重原因制约的自然现象，人为地分离成各种孤立的学科以至更细的分类，造成了科学家沉湎于由局部认识整体的研究方法，实验科学的相对性将各科学门类机械地割裂开来，使科学家们不能认识系统理论与方法的威力。"①

案例分析——移动电话的发展

图4-3所示为从1973年至今的手机的演变与革新，这个案例是技术的变革与突破对产品创新起决定性作用的强有力的说明。第一代通信技术模拟信号出现时，移动电话（又名"大哥大"手机）标志着人与人之间的距离被拉近。第二代通信技术GSM伴随着电池技术的革新，为人们带来了越来越薄和轻巧的手机。当第三代通信技术WCDMA/TD出现，人们的关注点转移到了便携功能，这使得摩托罗拉成为当时世界上最畅销的手机之一。当第四代通信技术LTE出现时，苹果手机的出现带来手机界的革新，此时的手机只有屏幕与APP。2017年至今，随着第五代通信技术的出现，手机逐渐变成个人的终端，一部手机几乎可以做到所有事情。

① 柳冠中. 科学的艺术与艺术的科学[J]. 装饰，1999（1）：15-16.

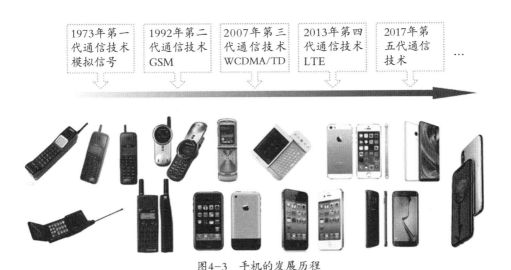

图4-3　手机的发展历程

　　思考点：技术、需求、使用方式的不断改变，促成了手机不断的变革，这都是人们在物质生活得到满足后在对于更美好生活追求的过程中迸发出来的新需求，技术在不断地满足人类生活。技术创新来源于人，也授益于人。因此，技术、结构、原理是影响产品设计的重中之重，产品开发中的造型是解决问题的手段，通过对技术、结构的研究结果，技术的革新可以为产品设计创新带来无限的可能性。

　　技术对整个人类社会产生了巨大的影响，人们所生活的世界中一切要素都被深深地打上了技术的烙印。然而对于技术，人们一方面歌颂和赞美它给我们所带来的各种成果，如越来越丰富的物质产品、越来越快捷和方便的交通方式、越来越舒适的饮食起居；另一方面对它又深恶痛绝，环境污染、网络病毒、人口膨胀、能源短缺、战争威胁等全球性问题最终都是由高度发达的技术所引起的。

　　当人类的认识重新回到多学科交叉和综合应用的时代，随着信息时代的到来，边缘交叉学科的大量诞生，基于艺术与技术交叉融合的工业设计学科，将造物设计定位在以人为核心，全方位地思考造物中技术与艺术二元关系的问题，将技术的突破放置在造物系统之中来考虑：人生活在物质的社会里，造物摆脱不了制造环节，而制造技术的发展取决于科技进步，科技进步离不开知识创新。将工业设计视为科学的、系统的、完整的体系，即"研究人为事物的科学"，这种将工业设计视作方法论的观念，在当今知识经济时代，对人类面临自我毁灭还是走经济发展的关键历史时刻具有革命性意义。

二、造物的价值取向——创新

人类造物是为了更好地适应自然，造物改变了人类的生存及生活条件。首先，从现代文明工业化的角度看，是设计改变了人们的生活，这是设计（造物）对人们的最大的作用。用设计来引导和改变人们的生活方式，就是不断地改变和适应，这就需要不断地创新。其次，技术的进步对产品外部和内部设计以及整个设计过程，对产品的外观和性能，以及文化因素的导入产生最直接的影响。设计的过程是综合应用人的需求因素和技术因素创新思维的过程，创新在工业设计的过程扮演了十分重要的角色。它不仅决定了设计是否有价值，还影响着设计的过程及其结果。因此可以这样说，创新是造物的价值取向。

前面说到，造物是人类为了更好地适应自然，物的价值是由人们的需求所决定的，而需求源于人们的生活方式。不同地域的人们，有着不同的生活方式和需求。不同的时代，人类有着不同的生活方式。面对21世纪数字化的生活方式，产品市场细分步入更高阶段，这是消费者生活形态变化和市场发展竞争加剧导致的必然结果，新的形势下消费群体出现分化也是必然趋势。结合消费者需求开发符合自身企业定位的产品，与对手展开差异化的竞争。使用客观的衡量和分析方法，能够提供有事实依据的建议，而不是推测的意见和观点，生活形态与情境研究能够为企业的产品研发与产品创新提供有效的帮助。生活形态与情境研究是以人为中心的研究，作为产品开发前置阶段目标之描述，为设计提供了评定依据，有益于设计目标的达成。生活形态与情境研究是产品创新的基础研究方法。

设计（造物）的价值是满足人们的需求，设计通过文化来区分不同地域人们的生活方式和需求，文化具有延续性、传承性。设计文化也总是在不断适应环境，吐故纳新，淘汰落后成分，吸收先进因子，遵循着文化的积累、传播和变革规律，自发演进与成长。文化可以避免产品设计和自发演进中所走的弯路，加速传承与创新的过程。

产品也是文化的载体，离开了载体的文化是不存在的。产品文化是凝结在品牌上的，也是对渗透在品牌经营全过程中的理念、意志、行为规范和团队风格的体现。在培育产品和建设品牌时，设计文化必然渗透和充盈其中并发挥着不可替代的作用；创建品牌就是一个将文化精致而充分的展示的过程；在品牌的塑造过程中，文化起着凝聚和催化的作用，使品牌更有内涵；品牌的文化内涵是提升品牌附加值、产品竞争力的原动力。设计是一种文化延续，优秀的设计一定是具有良好且深厚的文化底蕴。使用者购买产品，不只是选择了产品的质量与功能，同时还选择了产品所代表的文化品位、社会定位，以及其中所透出的生活情调与价值观念。

综上所述，造物反映出的是一个地域的社会制度、精神文化的价值取向，是人们生活方式下物质需求的价值取向，而只有不断创新，才能使之得以传承和发展。

第五节 小结

首先，本章的第一节以"理——适应的必然方式"为题，从哲学的层面道出"物"被人类需求的表现，探讨了造物活动中的"多因素影响之事实"，从分析整理影响造物的因素的过程中，得出"情理融合"的必然性和造物中"情理融合"的原因是"适应"，造物中要遵循的道理就是"情理融合"。

第二节以"物——人的需求表现出的形式"为题，从哲学的层面深入探讨人类的需求动机，得到技术的宗旨是为人类需求服务的结论，"情理融合"的基本意义则是造物过程中对于"多因素"的协调和适应。

在本章的重点部分第三节，以"依"为题，探讨了造物为什么要"依"理，以及依理要遵循的原则，说明"情理融合"是适应人的最高境界——文化需求的要求，造物依理的终极目标。

本章最后，根据本书的预想，摆出的"多因素影响造物的事实"，单纯的技术突破不能求得发展之路的道理，得出造物中遵循"情理融合"的道理才是创新之路，设计中导入民族文化、地域文化的内涵才是传承之道。这和导师郑建启在指导本人的研究时道出的"事之以'情'，物之依'理'，'情理'合一，适之传承"的造物思维方式一致。

第五章
情理融合　适之传承

　　造物是一项涵盖多学科知识的系统活动，其特征表现在，以人为中心的生物系统和以自然为中心的应用系统呈跨学科交叉融合的状态，其理论系统中显现出"情""理"二元的融合关系。但由于造物系统的广泛应用性和交叉学科理论的相对独立性，使得隐身于造物中的"情"与"理"二元之间的关系模糊且错综复杂。

　　从造物文化的角度看，经济全球化、多元文化交融、信息化社会等人类发展的新趋向对人类造物提出了新的要求。从工业设计学科发展角度看，造物要么过度追求经济效益和高技术性，而忽视了情感因素在造物中的体现；要么强调高情感设计，而忽视技术的合理运用。

　　本章主要研究在当代复杂环境下，传统造物中的情理融合关系如何应对人类发展面临的新问题。

第一节　情理"融合"的内涵

　　从文化角度来看，技术也是人类社会的文化现象。各种自然科学技术理论是精神文化的重要组成部分，同时又可以通过技术的形式直接转化为社会生产力，创造出人类的物质文化。造物中面临的一个重要课题就是"情"与"理"的关系，尤其是在科学技术飞速发展的当代社会中，科技革命和技术进步深刻地改变了人类的生产和生活方式，对人类文化产生了巨大的影响，并涉及情感、哲学、道德、宗教等各个领域。

从前面几章的研究来看，造物中情理融合的关系实质上是一种相互制约、相互作用的关系，显现出"你中有我、我中有你"的交叉关系，而且它们之间早有联系，情理"融合"的目的是为了"适应"，而"适应"的结果是传承和发展。

一、"融合"的实质性总结

造物中"情""理"二元融合关系的实质，从前面几章内容和图5-1的分析中可以看出："情"与"理"的融合，是情对理的限制和理对情的表现，是情对理的丰富和理对情的适应，是情对理的传承和理对情的发展，是情与理的相互补充。

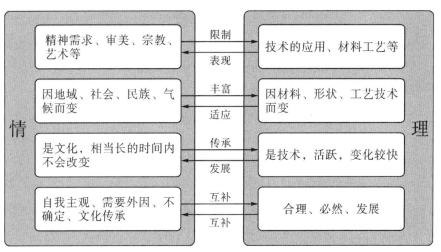

图5-1 情、理关系图

二、情理"融合"到文化传承与发展

从人类文化的历史发展来看，情理之间早有联系。除了中国传统造物文化中显现的情理融合的造物理念。在整个人类造物活动中，情理融合的这种关系有三个辉煌时期。第一个辉煌时期是古希腊时期，早在公元前6世纪，古希腊的毕达哥拉斯学派就提出了"美是和谐"的思想。这个学派的数学家们把数与和谐的原则当作宇宙间万事万物的根源，提出了"黄金分割"的理论，将琴弦长短粗细与音律的关系的研究运用到乐器制作中，将美与某种比例的关系研究运用到建筑及音乐中。第二个辉煌时期是文艺复兴时期。例如，达·芬奇将几何学、透视学的原理运用到绘画中，认为绘画必须掌握几何学的点、线、面和投影的知识。第三个辉煌时期，是20世纪下半叶以来，至今仍然方兴未艾的工业社会时期。当今社会中，科学技术正以前所未有的速度突飞猛进地发展，人类社会生活的方方面面无不受到科学技术（理）的影响，现代技术对情产生了巨大的影响，不但为文化提供了大众传播媒介，而且还创造出了新的文化形式和文化种类，如电影、电视和计算机多媒体艺术等。尤其是21世纪数字技术的迅猛发展，给我们的文化产业带来了巨大而深刻的影响。

从造物的角度以及哲学的眼光来看，情理的融合使得技术理性适应了人类情感的需求，使造物活动成为人类文化活动的核心部分。有趣的是，中国古代的先贤们虽然没有在理论上提出情与理融合的观点，在实践上却是将情感与技术合二为一的，这是一种无意识的"适应"。需要指出的是，人类历史上造物活动中情理关系特别紧密的时期，也正是人类文化蓬勃发展时期——古希腊时期、文艺复兴时期与当代。这一时期既是人类情感与科学技术融合发展的时期，更是人类社会文化繁荣昌盛的时期。从发展的角度看，这并不是偶然，而是有着内在的必然规律。用辩证唯物主义来解释也许更好理解，这是人类精神文明与物质文明相互促进下的飞速发展。

第二节　当代人类发展中与造物相关的新趋向

一、经济全球化趋向及多元文化交融向造物理念提出的新问题

　　当前，全球化进程成为全球经济的一个新趋向，这是一个以经济全球化为核心，包含各国各民族各地区在政治、文化、科技、军事、安全、意识形态、生活方式、价值观念等多层次、多领域的相互联系、影响、制约的多元概念。全球化是物质和精神产品的流动冲破区域和国界的束缚，影响到地球上每个角落的生活，全球化还包括人员的跨国界流动，人的流动是物质和精神流动最高程度的综合。①

　　到目前为止的全球化体现为市场经济体系在全世界的扩张，扩张所带来的问题是复杂的，其复杂的根源在于不同的事情在不同的时间和不同的空间里产生了不同的结果，且结果具有不利和有利的两面性。

　　（1）经济全球化导致发展中国家生态环境遭到破坏，以致全球性生态环境的迅速恶化。21世纪人类生存环境问题成为国际社会关注的焦点问

---

① 薛晓源，曹荣湘. 全球化与文化资本[M]. 北京：社会科学文献出版社，2005.

题。例如，日益蔓延的荒漠化、土地的侵蚀、动植物物种的灭绝、海洋与河流的污染等问题。其中发达国家往往出于本国战略利益的考虑，为了保护本国的生态环境不受污染，而把大量的污染源工业都建立在海外，既消耗了他国的资源，还污染了他国的环境。

（2）技术的全球化导致全球制造业的同质化，使得通用标准的数目在全球范围内迅速增长。这是积极的一面。但是，发达国家所拥有的经济、技术和管理优势是发展中国家远不可及的，这就造成全球化中获益最大者是发达国家，而经济和技术相对落后的发展中国家尽管具有一定的中长期利益，但在近期或较长的时间内，是很难受益的，甚至可能受到很大的损害和冲击，如许多民族制造业和传统手工业亏损或倒闭。

（3）经济全球化使世界各地的经济联系越来越密切，各国可望在全球经济密切交往中实现资源和优势互补，发挥各自优势，但由此世界经济的不稳定性也随之加强，不稳定的经济是市场需求不稳定的导火索。

（4）经济全球化促使世界各地域的文化、生活方式、价值观念、意识形态等出现跨国交流、碰撞、冲突与融合现象。例如好莱坞电影大量地向世界传播美国文化价值观，这种强势文化泛滥会对文化多样性带来不利影响，这将使得各个民族的文化特质消长不等、凸显不一。而文化的形态是多种多样的，有商品文化、价值观文化、语言文化、科技文化、文化艺术等。随着经济全球化趋势的加快，随之而来的是不同文化、不同价值观、不同生活方式、不同信念的交流与碰撞。有些在相互冲突和撞击中形成了新质——世界大文化①。外来文化会改变本民族的生活方式、价值观念和文化特性；信息网络技术和交通运输技术已为这种交流提供了现代化

---

① 陆杨. 文化研究概论[M]. 上海：复旦大学出版社，2008.

的工具和手段，各民族和各国家之间的文学、艺术、哲学、宗教、风俗习惯的传播与交流更加容易。各地域的人们总会不同程度地吸收外来文化的营养，以填补本民族、本国在文化方面的不足，这也是全球化给世界文化带来的积极影响。

总的来看，货物与资本的全球性越境流动，经历了跨国界化、地区的国际化、全球化①这几个阶段。在此过程中，出现了文化、生活方式、价值观念、意识形态等精神力量的跨国交流、碰撞、冲突与融合现象。这些现象直接或间接地影响着人们的造物理念与造物活动，因此，分析其影响因素的根源并对症下药是造物设计领域的当务之急。

二、人类文明的科学发展观对造物文化提出的要求

造物是将人的某种需求转换成为具体的物理形式或工具的过程。人类以往的产品设计和制造的理论和方法，是以满足人的需求和解决问题为出发点的，忽略了对资源的有效利用、再生资源的开发和环境等问题。

当今，可持续发展受到世界各国的重视，"可持续发展"②是在1987

---

①"跨国界化"指货物与资本的全球性越境流动；"地区的国际化"指少数发达地区，如美国的纽约地区、旧金山湾区，中国的北上广深等地区有着世界各地的生活方式和文化等，这些地区的国际化程度明显高于其他地区；"全球化"指货物与资本的全球性流动，相互补差。

②"可持续发展"的概念最早是1972年在斯德哥尔摩举行的联合国人类环境研讨会上正式提出并讨论。这次研讨会云集了全球的发达国家和发展中国家的代表，共同界定人类在缔造一个健康和富有生机的环境上所享有的权利。自此以后，各国致力于界定"可持续发展"的含义，现时拟出的定义已有几百个之多，涵盖范围包括国际、区域、地方及特定界别的层面。

年由世界环境及发展委员会所发表的《我们共同的未来》定义的，既满足当代人的需求，又不对后代人满足其需求的能力构成危害的发展称为可持续发展。这是一个密不可分的系统，既要达到发展经济的目的，又要保护好人类赖以生存的大气、淡水、海洋、土地和森林等自然资源和环境，使子孙后代能够永续发展、安居乐业。可持续发展的核心是发展，但要求在保护环境、资源永久持续利用的前提下进行物质生产和社会的发展。 在这个概念里，可持续长久的发展才算得上是人类真正的发展。

人类世界将进入可持续发展综合国力激烈竞争的时代。谁在发展综合国力上占据优势，谁便能为自身的生存与发展奠定更为牢靠的基础与保障，创造更大的时空与机遇。可持续发展综合国力将成为争取未来国际地位的重要基础和为人类发展做出重要贡献的主要标志之一。在这样的重要历史时刻，造物文化更需要以满足人类的可持续发展为宗旨，构建当代造物中科学合理的"情""理"二元关系构架，以应对可持续发展综合国力迅速提升的总体战略目标。

三、人类进入信息化社会对造物文化的影响

信息时代的到来，使人类的交往不再受到地域和时空的限制，相距遥远的人可以进行实时互动，整个地球也因为互联网，而成为"地球村"。交通的发达促进人群和物质的全球化流通，通信技术的进步促进精神情感的全球化交流。当然，互联网也能调动资本，交通工具也能传播精神，这两类技术的作用不可分割。

当今，对于信息化的讨论越来越多，最早研究信息化社会的是美国未来学家贝尔。他于1995年首次提出"后工业化社会"的概念。信息化社会

不同于工业社会，信息化社会中起主导作用的资源是信息，工业社会向信息化社会发展，将在政治、经济、文化、科技、军事等领域产生一系列变化。[①]以满足人类生存和发展为目标的工业设计，在人类社会进入信息化社会时，也会受到来自信息化的影响。

信息化对工业设计的影响，主要表现在经济领域和文化领域。在信息化的冲击下，以信息为核心的一个全新的财富体系产生，它使经济依赖于数据、思想、符号的迅速传播和交换。批量生产的模式逐渐让位于能发挥生产所长、越来越符合用户特殊需求的新的生产模式。产品层出不穷而生命周期越来越短，生产制造的概念向下延伸，到销售、售后服务、信息反馈直至产品报废等环节。在交换中，出现购买行为的双重支付，消费者不仅要支出货币，而且还要支付自己的信息，如消费者的姓名、住所、爱好、收入情况等，制造商利用这些信息来设计新的产品。

笔者认为，信息社会中文化层面的冲突会变得越来越明显，而且这种冲突逐渐扩展到社会生活的各个方面。信息社会里，物质利益的争斗已经不是主流，生态圈、文化观念、种族主义与地方文化，以及语言和知识的冲突将直接影响未来社会的文化模式。

四、我国制造产业在产品设计中的限制与突破

人类的造物过程，是一个不断地突破限制，寻求创新发展的过程。在当今制造产业高度竞争中，探索适应我国制造产业升级发展，是产品设计

---

① 宋振峰. 论信息化社会的特点和影响[J]. 科学·经济·社会，1995（2）：29-31.

寻求创新的首要任务。基于造物中情理二元关系研究的理念，研究生活形态模型的外部因素，是制造产业定位产品开发目标的有效措施。

深入研究目标用户人群的生活形态，可从中发现目标用户对于产品需求的期望点和关注点，这是用户对产品的显性需求，能够直接指导产品开发过程中对产品大小规格、功能诉求、法规限制等指标的确定；同时还可挖掘出目标人群需求中对产品外形色彩、表面肌理、时尚风格等指标的隐性需求，这是产品开发初期，要明确的产品设计朝向哪个设计方向的首要任务，也是设计阶段过程中不断地自我评价的标准。

产品设计创新是一项系统、复杂的工作，若想实现真正意义上的原创，制造业必须以生活形态模型为基础，结合自身条件建立一套完整的产品开发体系，其中应该包含以下内容：生活形态情景构建、有价值的用户痛点发现程序、合理的设计过程评估系统、与产品相关政策的分析、对需求和功能的分析系统，以及产品优化设计程序等具体的操作方法。由此可见，通过生活形态研究的外部因素的研究来定位产品设计目标，是制造业提高设计创新力基本的有效手段。

产品的设计制造不是单纯的设计、加工、生产、销售等问题，对于制造业来讲，还要结合企业自身的品牌定位、生产设备技术条件、生产管理水平等实际情况，来制定最符合自身的、最合时宜的产品开发目标。

产品设计最终落地是由技术原理的应用和材料加工工艺以及制造装配手段得以实现的。由于内部因素对产品设计的制约在于技术层面，因此，制造企业应结合生活形态模型中内部因素的研究，建立企业自身的操作办法，比如：自身生产设备技术的资料、加工工艺水平整个应用的程序、生产组织和企业成本控制的管理水平评估、原材料供给的评语和预案等具体的实施方法，以便于解决外部因素环节提出新功能在制造过程中产生的问题。

　　我国制造业在产品创新能力层面的问题与品牌的影响力以及自身的发展历程有关，但在很多国内企业大量承担着全球知名品牌的代工生产的同时，印证了在全球经济一体化的带动下，产品制造的基础生产技术瓶颈已经被突破或被共享。从产品设计创新的角度来说，生活形态模型的外部因素研究成为突破限制的有效和唯一路径，是产品设计目标定位的有力依据。产品的设计与创新，离不开人们在生活中的诉求，以生活形态研究为基础的产品创新模式，将给我国制造产业创新带来新的动力。

第三节　适应当代造物发展的情理融合关系

一、情理"融合"的造物规律性总结与评价原则

　　如果说传统造物中情理融合是无意识的被动适应型的融合，那么现代造物活动中的情理融合应该是有意识的主动导向型融合，这就需要建立一个为造物服务的"情理融合"的理论构架。

　　第四章第一节"造物中遵循的道理"中分析了造物中人的情感因素和技术因素的各个方面，实质上是揭示了以人为中心的生物系统和以自然为中心的应用系统，即人的需求系统（图5-2）和物的适应性系统（图5-3），从这两个系统图中可以看出具有精神功能的因素显现出复杂性和交叉性，而具有实用功能的因素在排列上显现出规律性和合理性，如果将这两个系统合在一起，实际上就是完整的情理融合规律性评价体系。

二、适应当代造物的情理二元"融合"关系

通过图5-2、图5-3分析，笔者将造物中情理融合涉及的主要内容以图式形式进行层次分析，希望建立一个较为全面的，对于当代造物活动在分析"情理关系"上具有指导意义的标准体系框架。这个体系的开始层是人和物，也就是造物活动的终极标准。第二层是人的需求和物满足需求展开的元素，这里每个元素对应地体现出"情和理"的交叉融合关系，其中在物的实用功能中"物理""使用""制造""社会"和"消费人""生态人""企业人""社会人"一一对应，体现出现代造物中情与理的密切关系和理对情的关注，这是融合得以实现的前提和保证。第三层是保证利益主体目标实现的分支元素。即维护"消费人"和"生态人"利益目标的技术性、美观性、易用性、耐用性、易维护性及象征性；维护"企业人"利益目标的易生产性、选材合理性、环保性、安全性；维护"社会人"利益目标的运输、市场、环保、行业法规等。同时，作为融合关系的体现，和"消费人""生态人""企业人""社会人"密切关系的审美、文化、哲学、道德也在分支元素中得以体现。

实际上，不存在任何一套绝对完美的标准体系可以作为衡量"融合"的精确指标。因此，在实际操作中最好不要保持着"工具理性"的态度，以固有不变的体系标准或原封不动地搬用他人的标准体系来衡量满足人的需求的造物设计。所谓构建造物中情理融合的理论关系构架，只不过是在自身能力的范围内，不断摸索和寻找"合适"与"恰当"的位置的过程。

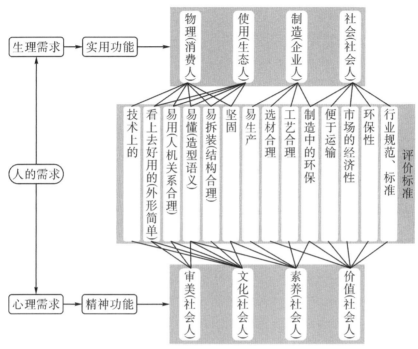

图5-2　人的需求系统

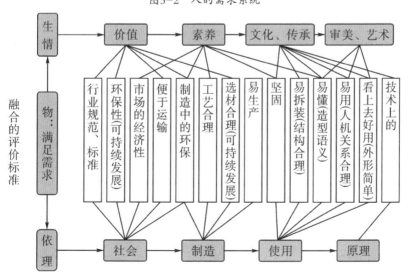

图5-3　物的适应系统

第四节　小结

本章在归纳前面研究成果的基础上，归纳出：（1）造物中"情""理"二元融合关系的实质是，情对理的限制和理对情的表现；（2）"情"与"理"的融合内涵是，情对理的丰富和理对情的适应，情对理的传承和理对情的发展；（3）情与理相互补充。

全球化时代的到来，世界各国面临日益严峻的生态问题、可持续发展等问题。这是一个一方面丰富多彩，另一方面关系错综复杂的当代社会环境。在这样的背景下，工业化造物应凸显造物中情理二元的融合，将其传承发展。

笔者认为，当代造物设计的概念正悄然发生着变化，造物领域的扩大丰富了创新设计活动，科技的飞速发展使得设计信息快速反馈，打破了传统设计的模式，电脑的普及激发了全民参与创造的热情，创新设计深入到社会各层次、各领域的各类创造活动中，其目的是促进人类生存方式向更加合理的方向发展。

人类造物因"情""理"二元的融合而传承，并将继续以"情""理"二元的融合而发展。从研究看来，今天的"情"发生了巨大的变化，内涵深入到人类情感以及辩证唯物的哲学层面，外延扩大到与人相关的一切因素、文化艺术、社会形态（生活组织方式、生产方式、文化模式）、自然生态、全球化、多元文化交融、人类可持续发展的关注等。总而言之，现代的"情"是人的折射，折射出与人相关的一切因素；今天的"理"除了包括材料工艺、加工成型技术等机械、物理学科领域的知识，还包含了技术哲学、科技理念、科学发展观等辩证唯物主义方法论。

第六章
结 论

第一节　本书的研究总结

自人类造物初始，人类的历史就打上了物的烙印。造物的历史就是人类的历史，人类的造物活动，从最初的混沌状态到今天，其间经历了无数的变化。尤其是近代工业设计的迅速发展，其流派、风格、理论层出不穷。但是，造物活动或设计的结果都只是表象，影响造物活动的是人类情感和技术原理之间的融合关系。在造物文化传承和发展的背后，就隐藏着这种融合关系的深层含义，探究并构建适应当代造物文化的情理融合关系理论构架，是本书研究的目的。

本书阐释了造物、情、理的基本概念，以及在传统造物的历史中情与理显现，并由此引出对造物设计中"情"与"理"关系问题的探索。随后，透过对造物中"情"与"理"的意义的深入探究，察觉到由原始的造物活动开始，到工业化、大批量、设计生产分工协作的工业设计，再到现代进入非物质社会的创造新的人类设计文化中，"情"与"理"这二元始终处于一种交叉融合的状态。

在"触物生情"和"造物依理"两个章节里，对传统手工造物中的和商品经济社会工业设计中的情与理，从表层现象到深层含义进行了深入的探究。从设计哲学的层面说明了情理融合的必然性和必要性，并将情理二元引入系统学的领域，向当代造物文化面临的问题过渡。造物文化传承之理就是情理融合的应用方式，"融合"就是让所造之物能够适应一切因素而生存、发展和传承，情理融合更是人类的文化——造物文化的核心思想。

笔者大胆地提出了基于当代的工业设计"情""理"二元融合的理论构架，指出"情"与"理"在当代的含义与扩展的外延。传统的以造型和功能形式存在的物质产品的设计理念开始向以信息互动和情感交流、以服务和体验为特征的当代非物质文化设计转变；工业设计从满足生理的愉悦上升到服务系统的社会大视野中。在这些转变中，工业设计以人为核心的思想没有改变，而是内涵上变得更加丰富和富有意义，是在方法论上得到了进一步充实。

明确了造物的目的性。人类进入20世纪90年代以来，随着全球化趋势、人类可持续发展问题的提出、信息化社会的到来、各民族文化的碰撞融合、环境问题的加剧，设计的发展趋势和未来的走向已变得越来越清晰了。厘清造物情、理二元的关系，目的和意义在于使当代工业设计学科更具跨学科属性，使工业设计教学在科学方法论的指导下进行，使我国产品的"原创性设计"更具民族文化的精髓。

第二节　当代造物设计中"情理融合"理论关系构架的提出

从本书前面的研究得知，造物中的"情与理"不仅相互融合，而且还相互交叉。造物之情既需要形象思维，也离不开抽象思维，这样的"物"才可以称得上符合生活的逻辑和情感的概括性原则；理的抽象思维，需要"小心求证、合理应用"，而它的前提则是"大胆想象、情理交融"。造物中的情与理，是既相区别又相联系的统一体。这种融合关系，既不是"执其两端，而用其中"的中庸之道，也不是东一块、西一块贴在一起的拼盘文化，而是你中有我、我中有你的有机融合。造物中理和情融合是人类创造性的最崇高的表现，是人类文化得以传承的根本原因。

　　笔者在本研究中的目的就是，构筑科学的、适应当代发展要求的造物中情理融合的理论构架。

一、"融合"的外部因素归纳

　　人类已步入经济全球化、社会快速发展的信息时代。"时空扩张"与"时空压缩"构成了信息时代人们新的生活感受，全球化的影响构筑起一个新的多维性的人类社会交往体系。在这个体系中，人与自然、人与社会的和谐关系成为人类可持续发展的核心问题。作为造物文化，现代工业设计承担起维护物质制造的持续发展的责任，技术在全球化的步伐中使得全球的制造业同质化。

　　伴随多元文化的交融，造物不可避免地面临着历史的转型。这种改变看似由造物文化的物质性的提升促成，实质上是因为人们对造物文化的认识的转变并不断深入。在这一过程中，物的使命已超越了创造、时尚和变化的层面，导向提升创造力的高度。在观念的变革中，设计文化的概念越发清晰了，内涵更丰富、外延更宽泛了，工业设计学科也已融合物质文化和精神文化为一体，并成为一门跨领域的新学科。

　　国际工业设计联合会2001年在韩国汉城（现称首尔）对工业设计进行了重新定义，并发表了《2001年汉城工业设计家宣言》，宣言指出："工业设计将不再是一个定义'为工业的设计'的术语。工业设计将不再只创造物质的幸福。工业设计是一个开放的概念，灵活地适应现在和未来的需求。"依照这样的解释，可以帮助我们进一步理解工业设计的新内涵，即工业设计是作为以创新为核心的、具有无限开放性和丰富性的文化产业而发展的。

以上变化，综合反映在造物中是情理二元关系的复杂化、综合化、隐藏化和多元化，在对社会需求和需求复杂性的研究上，作为造物主体基本原型的"人"，由于生理和心理需求的并存以及个人能力的限制，反映在需求系统中就是多元因素交叉的复杂状态。

二、"融合"的内部因素构建

"外部因素"研究是为了明确影响造物的元素，以选择或构建"内部因素"。在造物情理融合的关系构架中，跨学科是融合的基本方式。

传统的造物观，偏重于物质财富的增长而忽视人的全面发展，简单地把满足人的需求作为进步而忽视社会的全面发展；相应地把物质生产的增长作为衡量一个国家或地区经济社会发展的重要标尺，而忽视了人文的、资源的、环境的衡量标准；单纯地把自然界看作是人类生存和发展的索取对象，而忽视自然界应该是人类赖以生存和发展的基础。在传统造物观的影响下，尽管人类曾创造了历史上从未有过的奇迹，积累了丰富的物质财富，但也为此付出了巨大的代价，资源浪费、环境污染和生态破坏的现象屡见不鲜，人类的生活水平和质量往往不能随着物质的增长而相应提高，甚至出现严重的适得其反和两极分化。

笔者主张的以人类情感为主导、技术理性为辅的情理融合的构架，不单单针对某一个产品的设计或是生产的某一个环节，而是面对整个社会的研发、制造、销售、服务，使人类造物具有可持续性、文化发展性，所传达的是透过"文化"的内涵，展示出社会的深层造物文化底蕴和文化的发展趋向，即解决问题的跨学科方法或综合研究方法。

第三节　造物中情理二元融合的理论关系构架

　　通过对传统造物活动的探究发现，传统造物中"情"与"理"的融合，是一种被动适应和无意识的结果，这种融合伴随着传统手工造物活动走过了几千年的历史进程，笔者在研究中发现，正是因为传统造物中有了情理的"融合"，才使造物以人类文化的形式传承和发展。传统造物情理融合发展的经验对于只有百年历史的工业化造物活动来说，有着深刻的指导意义。

　　在本书结尾，笔者在归纳和总结了传统造物中情理二元关系后，构建了当代的主动引导型的情理二元理论关系构架（图6-1），以期指导造物实践活动中的情理二元能够突出"融合"之意。

第四节　对后续研究的建议

　　本书探讨了人类造物中"情理融合"的设计思想的概念，并形成了基于当代的工业设计中"情""理"二元的融合理论构架。但其中的有些问题还需要进一步研究和实践的检验。虽然在有些章节中以设计哲学的思想分析了造物中"情理融合"的必然性，但论证的力度和方法还需要今后的研究来补充。为此，对今后研究的建议如下：

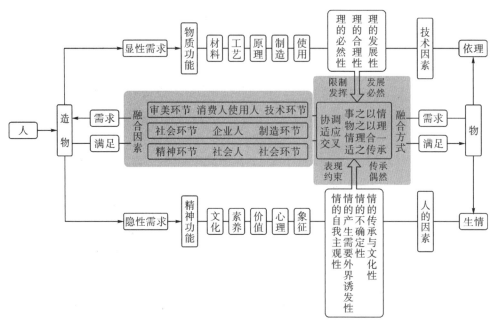

图6-1　造物中情理融合构架

（1）由于本书研究是自命题研究项目，所以对本书提出的理论框架还需要同类研究进行丰富，希望今后能够看到类似的研究和反馈。

（2）本书提出的触物生情、造物依理的论点，还可以作为后续研究的起点进行深入探讨。在说明情理融合的必要性和必然性的逻辑关系上还有遗漏，还可以做进一步研究。

（3）对于造物中"情""理"二元融合关系的理论构架，还可以延伸为更为具体的设计实践操作方法，使其有更多的实践和方法来支撑。

参考文献

[1] 郑建启，李翔．设计方法学[M]．北京：清华大学出版社，2006．

[2] 郑建启，刘杰成．设计材料工艺学[M]．北京：高等教育出版社，2007．

[3] 刘旭光．海德格尔与美学[M]．上海：上海三联书店，2004．

[4] 柳冠中．苹果集：设计文化论[M]．哈尔滨：黑龙江科学技术出版社，1995．

[5] [德]海德格尔．海德格尔存在哲学[M]．孙周兴，等译．北京：九州出版社，2004．

[6] [德]海德格尔．存在与时间[M]．陈嘉映，王庆节，译．北京：生活·读书·新知三联书店，2000．

[7] 王士舫，董自励．科学技术发展简史[M]．北京：北京大学出版社，1997．

[8] [法]丹纳．艺术哲学[M]．傅雷，译．南宁：广西师范大学出版社，2000．

[9] 陈昌曙．技术哲学引论[M]．北京：科学出版社，1999．

[10] 胡适．中国古代哲学史[M]．合肥：安徽教育出版社，1999．

[11] [美]托马斯·门罗．走向科学的美学[M]．石天曙，滕守尧，译．北京：中国文艺联合出版公司，1984．

[12] [美]西蒙．关于人为事物的科学[M]．杨砾，译．北京：解放军出版社，1985．

[13] 柳冠中．工业设计学概论[M]．哈尔滨：黑龙江科学技术出版社，1997．

[14] [古希腊]亚里士多德．工具论（上下）[M]．余纪元，等译．北京：中国人民大学出版社，2003．

[15] [英]培根．新工具[M]．许宝骙，译．北京：商务印书馆，2005．

[16] [美]布鲁斯·昂．形而上学[M]．田园，陈高华，等译．北京：中国人民大学出版社，2005．

[17] 张宪荣．现代设计辞典[M]．北京：北京理工大学出版社，1998．

[18] 崔清田．墨家逻辑与亚里士多德逻辑比较研究——兼论逻辑与文化[M]．北京：人民出版社，2004．

[19] 杨鸿儒．当代中国修辞学[M]．2版．北京：中国世界语出版社，1997．

[20] 李砚祖．造物之美：产品设计的艺术与文化[M]．北京：中国人民大学出版社，2000．

[21] 布正伟．自在生成论：走出风格与流派的困惑[M]．哈尔滨：黑龙江科学技术出版社，1999．

[22] 尹定邦．设计学概论[M]．长沙：湖南科学技术出版社，2005．

[23] 赵江洪．设计艺术的含义[M]．长沙：湖南大学出版社，2005．

[24] 王受之．世界现代设计史[M]．北京：中国青年出版社，2002．

[25] 徐友渔．告别20世纪——对意义和理想的思考[M]．济南：山东教育出版社，1999．

[26] 李砚祖．艺术设计概论[M]．武汉：湖北美术出版社，2002．

[27] 张法．中国艺术：历程与精神[M]．北京：中国人民大学出版社，2003．

[28] 李乐山．工业设计思想基础[M]．北京：中国建筑工业出版社，2001．

[29] 高亮华．人文主义视野中的技术[M]．北京：中国社会科学出版社，1996．

[30] [英]贡布里希．艺术与人文科学[M]．范景中，编选．杭州：浙江摄影出版社，1989．

[31] 涂途．现代科学之花——技术美学[M]．沈阳：辽宁人民出版社，1986．

[32] [英] 彼得·詹姆斯，尼克·索普．世界古代发明[M]．颜可维，译．北京：世界知识出版社，1999．

[33] 章迎尔．关于后现代建筑的社会基础、思想基础、理论框架和发展前景[J]．南方建筑，1995(01)：14-18．

[34] 吴声功．铜铁时代的科技进展——科学技术的起源（二）[M]．上海：上海社会科学院出版社，1990．

[35] [英]戴维·方坦纳．象征世界的语言[M]．何盼盼，译．北京：中国青年出版社，2001．

[36] [美]卡尔·米切姆. 技术哲学概论[M]. 殷登祥, 曹南燕, 等译. 天津: 天津科学技术出版社, 1999.

[37] [美]马克·第亚尼. 非物质社会——后工业世界的设计、文化与技术[M]. 滕守尧, 译. 成都: 四川人民出版社, 1998.

[38] 杨先艺. 中外艺术设计探源[M]. 武汉: 崇文书局, 2002.

[39] [美]苏珊·朗格. 艺术问题源[M]. 腾守尧, 朱疆源, 译. 北京: 中国社会科学出版社, 1983.

[40] [美]苏珊·朗格. 情感与形式[M]. 刘大基, 傅志强, 周发祥, 译. 北京: 中国社会科学出版社, 1986.

[41] 华觉明. 中华科技五千年[M]. 济南: 山东教育出版社, 1997.

[42] 幺大中, 罗炎. 亚里士多德[M]. 沈阳: 辽海出版社, 1998.

[43] [美] 凯文·林奇, 加里·海克. 总体设计[M]. 3版. 黄富厢, 朱琪, 吴小亚, 译. 北京: 中国建筑工业出版社, 1999.

[44] 华觉明. 中国冶铸史论集[M]. 北京: 文物出版社, 1986.

[45] 朱红文. 工业·技术与设计——设计文化与设计哲学[M]. 郑州: 河南美术出版社, 2000.

[46] 李建盛. 当代设计的艺术文化学阐释[M]. 郑州: 河南美术出版社, 2002.

[47] 吴风. 艺术符号美学——苏珊·朗格美学思想研究[M]. 北京: 北京广播学院出版社, 2002.

[48] 奚传绩. 设计艺术经典论著选读[M]. 2版. 南京: 东南大学出版社, 2005.

[49] [英]弗兰克·惠特福德. 包豪斯[M]. 林鹤, 译. 北京: 生活·读书·新知三联书店, 2001.

[50] [英]李约瑟. 中国科学技术史 第二卷 科学思想史[M]. 北京: 科学出版社; 上海: 上海古籍出版社, 1990.

[51] 郑杭生. 社会学概论新修[M]. 北京: 中国人民大学出版社, 2003.

[52] [美] 詹姆士·奎恩，乔丹·巴洛奇，卡伦·兹恩. 创新爆炸[M]. 惠永正，靳晓明，等译. 长春：吉林人民出版社，1999.

[53] 风笑天. 社会学研究方法[M]. 北京：中国人民大学出版社，2005.

[54] 唐子畏. 行为科学概论[M]. 长沙：湖南大学出版社，1986.

[55] 祝合良，杨苏，申琴宇. 如何创造畅销产品[M]. 北京：石油工业出版社，2000.

[56] 苗东升. 系统科学精要[M]. 北京：中国人民大学出版社，1998.

[57] 张夫也. 外国工艺美术史[M]. 北京：中央编译出版社，1999.

[58] 诺伯格·舒尔茨. 论建筑的象征主义[J]. 常青，译. 时代建筑，1992（3）：51-55.

[59] COOPER A, REIMANN R. The essentials of interaction design[M]. Indianapolis: Wiley, 2003.

[60] MAYHEW D. The usability engineering lifecycle: a practitioner's handbook for user interface design[M]. San Francisco: Morgan Kaufmann Publishers, 1999.

[61] GREEN W, JORDAN P. Pleasure with products: beyond usability[M]. New York: Taylor & Francis, 2001.